河北省社会科学基金项目

中共河北省委党校（河北行政学院）资助出版

白洋淀国家公园建设路径研究

王海英　白翠芳　杨　凡 ◎ 著

河北科学技术出版社

· 石家庄 ·

图书在版编目（CIP）数据

白洋淀国家公园建设路径研究 / 王海英，白翠芳，
杨凡著. -- 石家庄：河北科学技术出版社，2022.6
ISBN 978-7-5717-1106-1

Ⅰ．①白… Ⅱ．①王… ②白… ③杨… Ⅲ．①白洋淀
－国家公园－建设－研究－中国 Ⅳ．①S759.992

中国版本图书馆CIP数据核字(2022)第085159号

Baiyangdian Guojia Gongyuan Jianshe Lujing Yanjiu

白洋淀国家公园建设路径研究

王海英　白翠芳　杨　凡 ◎ 著

出版发行	河北科学技术出版社	
地　　址	石家庄市友谊北大街 330 号（邮编：050061）	
印　　刷	石家庄联创博美印刷有限公司	
开　　本	787 毫米 × 1092 毫米　1/16	
印　　张	10.5	
字　　数	183 千字	
版　　次	2022 年 6 月第 1 版	
印　　次	2022 年 6 月第 1 次印刷	
定　　价	28.00 元	

前　　言

在党的十八届三中全会提出建立国家公园体制目标之前，"国家公园"这一概念在我国并未形成共识，其内涵可以包括国家森林公园、地质公园、湿地公园、海洋公园等广泛的自然保护地及风景名胜景区。2015 年国家公园体制试点开展以来，"国家公园"的概念以试点区域为蓝本，在实践和理论界有了较统一的认识，进而也开始了真正意义上中国特色国家公园体制建设的研究。

近几年，国内关于国家公园的研究，大致可以划分为三类：一是持续对国外国家公园实践经验的总结借鉴。如王辉等（2016）介绍了美国国家公园的解说和教育服务，苏红巧（2018）分析了法国国家公园的"加盟区"改革。蔚东英（2017）从机构设置、部门职能、人员配置等方面分析，将英、美、日、韩等十个国家的国家公园管理体系划分为自上而下型、地方自治型、综合型管理三类。高燕等（2017）从土地政策、利益机制、管理手段等方面分析了境外国家公园的社区冲突。二是对我国国家公园试点实践经验的考察分析。如陈真亮、诸瑞琦（2019）指出了钱江源国家公园尚存在法治化不足、管理碎片化、集体林比重较高、跨区域合作机制待深化等问题。王宇飞（2020）分析了三江源国家公园生态补偿实践的经验和问题。苏红巧、王楠、苏杨（2021）指出了三江源国家公园执法体制改革中，建立统一资源环境综合执法队伍以及执法司法联动、区域联合执法机制等经验。朱洪革、赵梦涵、朱震锋（2021）则对比了国内外国家公园的特许经营机制，提出了东北虎豹国家公园特许经营的改进建议。三是对我国国家公园体制建设路径的研究。如陈君帜、唐小平（2020）从统一分级管理、国家评估设立、严格生态保护、资金投入保障等八个方面构建了我国国家公园保护制度的框架体系。钱宁峰（2020）从组织设计的视角提出了属性定位清晰、内部分工明确、责任配置科学等国家公园管理局的完善路径。中国环境出版集团 2018 年推出了《中国国家公园体制建设研究丛书》，涉及国家公园的规划编制、治理体系、立法、财政事权划分、特许经营机制等诸多方面。

英、美等西方国家成立国家公园的历史比较早，相关研究比较丰富。肖练练、钟林生等（2017）分析国外对国家公园的研究文献指出，其出现频率最高的3个关键词是保护、国家公园和管理，其研究内容则集中在资源评估、环境影响、规划、运营管理等几个方面。第一，资源评估的研究。国家公园因其丰富独特的自然资源而存在，具有极高的生态和人文休闲、教育等价值，因此需要进行资源价值评估。Bernard等（2009）指出，国家公园资源提供的生态系统服务价值包括资源供应、生物多样性维护以及为游憩和旅游活动提供机会等，通过条件价值评估、支付意愿等方法将价值进行货币化衡量，能直观地描述国家公园的吸引力，为国家公园收支政策的制定提供依据。第二，环境影响分析。国家公园的生态环境受到区域内以及周边人类生产、生活、游憩等活动的诸多影响，需要对这些活动产生的影响进行科学分析评估，从而采取与之相适应的国家公园管理举措。这些影响大多数都是负面的，如Gimme等（2011）指出，国家公园周边建筑密度不断上升、城镇和道路空间给国家公园空间带来挤压、公园内野生动物的栖息地遭受破坏、景观破碎化程度上升；Monz等（2016）指出，公共交通服务在提升私家车可进入性、降低交通堵塞、碳足迹方面有积极影响，但公园内公共交通使用次数、密度的增加以及使用模式的变化对公园造成生态干扰。Sejong Eunseong等（2021）则指出国家公园提供的教育项目和设施可与生态游客形成相互促进提升的循环。第三，国家公园规划研究。着眼于厘清资源状况、协调各方关系、规范管理行动，有助于实现国家公园发展的使命，保护资源不受损害。Eagles等（2002）从国家公园游客管理、旅游监测、旅游服务与基础设施建设、旅游与当地社区、市场营销与财务、旅游发展政策等视角，较为全面地阐述了国家公园规划的框架与管理要点。Glick（2011）和Pettebone等（2013）则强调了社区参与、气候变化情景模拟、游客市场细分等理念是国家公园规划的趋势。第四，国家公园运营管理研究。包括管理经验的总结、管理效果评估以及游客、社区发展、资源与环境等专项管理机制研究。Lawson等（2003）总结了美国国家公园的管理经验，包括支持基础生态研究、可接受改变极限（LAC）、长期环境监测、制定国家公园温室气体排放清单、游客体验与资源保护（VERP）、适应性管理等。Blackstock等（2008）、Kolahi等（2013）

通过访谈、实地调研等途径对国家公园资源利用、游客教育、社区共管、服务设施、营销管理、资金来源、员工培训等管理活动进行综合衡量和监测。Schmoldt 等（2001）指出，资源监测是国家公园资源与环境管理的重要内容以及评价其管理效果的重要手段，包括对空气质量、水质、植物群落、野生动物等的监测以及建立资源清单。

总体而言，国外国家公园的研究集中在地理、资源环境、旅游等学科视角，突出了国家公园生态保护和公益游憩两大核心目标，其管理方面的研究主要关注运营管理，对行政管理体制的探讨较少，这也许是跟这些国家根据自身行政系统规则和国家公园管理需要，较早形成了相对稳定的行政管理体制有关。国内近年来关于国家公园的研究集中在十个试点实践经验的考察及宏观体制建设的探索，专门针对某一未来国家公园的建设而展开系统性研究的著作论述尚不多见。

本书依据"远景规划建设白洋淀国家公园"的确定性规划，在雄安新区"千年大计""未来之城"的建设要求下，提出了建设白洋淀国家公园的系统构想，既可以为远期白洋淀国家公园的建设及雄安新区白洋淀生态环境治理的实践提供可行的政策建议，又丰富了中国特色国家公园体制及中国特色社会主义生态文明制度建设的理论和实践创新体系，是一部可以为国家公园理论研究和实践以及雄安新区白洋淀生态环境治理、生态文明建设提供思考与借鉴的有益之作。

全书共分七章。第一章"中外国家公园探索与发展"，主要介绍了国家公园的概念、功能，英、美及中国台湾等地国家公园的建立与发展历程，以及中国自然保护地体系的建设历程和近年来的国家公园实践探索。第二章"全球国家公园建设中的矛盾冲突及制度安排"，分析了国家公园与社区、游客、经营主体等之间的矛盾冲突及国际上有效解决冲突的制度安排，为白洋淀国家公园建设中可能遭遇的冲突矛盾提供预警及可借鉴的预防性制度安排。第三章"建立白洋淀国家公园的可行性"，从白洋淀国家公园提出的时代机遇、建设白洋淀国家公园的重大意义、建设白洋淀国家公园的基本优势、白洋淀国家公园的发展定位等方面论述了建立白洋淀国家公园是意义重大和切实可行的。第四章"白洋淀国家公园行政管理体制设计"，在对目标和现实因素进行综合考量的基础上，提出了白洋淀国家公园行政管理体制设计的原则、管理机构设置和职责体系设想以及衔接式改革设计建议。第五章"白洋淀国家公园运营机制建设"，提出了坚持绿色发展、坚持特许经营、坚持社区参与的基本运营规则，分析了白洋淀国家公园建设面对的主要挑战，进而提出了建立健全生态旅游开发管理机制、淀区居民参与机制、解说与教育服务体系、监测体系等白洋淀国家公园运营机制。第六章"面向白洋淀国家公园的环境治理和生态修复"，介绍了相关理论与先进实践经验及白洋淀生态环境治理和生态修复现状，进而从面向国家公园的高标准要求角度，提出了持续推进淀区水污染防治、流域污染第三方治理、流域绿化服务政府购买、碳汇资源的高效利用、建立跨区域多层级多元化生态补偿机制等深度治理的路径建议。第七章"白洋淀国家公园法律政策支持体系"，在分析美、日等国家公园法律政策支持体系经验与启示基础上，分别从治理体系和治理能力两个方面提出了白洋淀国家公园的支持保障体系建设路径。

编　者

2021 年 10 月 1 日

目　　录

第一章　中外国家公园探索与发展

国家公园作为自然保护地的一种重要类型，100 多年来受到各国的青睐，在世界范围内不断发展并走向成熟。虽然每个国家的国家公园建设路径、发展模式不尽相同，但就生态保护和合理利用的核心理念已达成共识。党的十八大以来，我国加快了对国家公园的探索，以国家公园体制改革引领自然保护地体系建设，国家公园体制试点工作取得了阶段性成效。

一、国家公园——自然保护地重要类型

（一）保护地

保护地（protected area），现代自然保护运动的产物。国际自然保护联盟（IUCN）给出的定义是：明确划定的地理空间，通过法律或其他有效手段获得认可、为专有目的所进行管理的区域，以期实现对自然及其所拥有的生态系统服务和文化价值的长期保护。泛指各种受保护的地区或地域。

根据管理目标的不同，国际自然保护联盟（IUCN）将保护地划分为 6 种类型（表 1-1）。这 6 种类型的设计在质量、重要性、自然性的层面上都不具有等级性，出发点是对特定的陆地景观 / 海洋景观环境给以最大化的保护。作为第二类保护地，国家公园被赋予了两大目标：一是保护自然生态系统，二是提供娱乐活动。

表 1-1　IUCN 保护地管理类别

类型	名　称	描　述	主要管理目标
Ⅰa	严格的自然保护地	这类自然保护地设立目的主要是为了保护生物多样性，也会包含地质和地貌保护。为确保其保护价值不受影响，这类区域严格控制人类活动、资源利用。这类自然保护地在科学研究和监测中有着不可或缺的参考价值	主要为了科研

Ⅰ b	荒野保护地	这类自然保护地通常保存了其自然特征和影响，即大部分保留原貌，或仅有微小变动，没有永久性或者明显的人类居住痕迹。对其保护和管理就是为了保持其自然原貌	主要为了保护荒野地貌
Ⅱ	国家公园	这类自然保护地拥有大面积自然或接近自然的区域。设立目的重点是为了保护大面积完整的自然生态系统，兼顾提供环境和文化兼容的精神享受、科研、教育及游憩等机会	主要为了生态系统保护及娱乐活动
Ⅲ	自然文化遗迹或地貌	这类自然保护地一般面积较小，但具有较高的参观价值。设立目的是为了保护某一特别自然历史遗迹，比如：地形地貌、海山、海底洞穴，或者是洞穴、古老的小树林等存活的地质形态	主要为了保护独特的自然特性
Ⅳ	栖息地/物种管理区	这类自然保护地的设立主要目的是为了保护某类物种或者栖息地。在管理中，可能需要对某类物种或者栖息地进行经常性的、积极的干预活动	主要为了保护特定物种或栖息地
Ⅴ	陆地景观/海洋景观自然保护地	这类自然保护地是指人类与自然长期相处所产生的特点鲜明的区域，具有重要的生态、生物、文化和景观价值。该区域的保护是对人与自然和谐相处状态的保护	主要为了陆地/海洋景观保护及娱乐
Ⅵ	自然资源可持续利用自然保护地	这类自然保护地通常面积庞大，大部分处于自然状态，其中一部分处于资源可持续管理利用之中。该区域的主要目标是保证自然资源低水平非工业化利用与自然保护相互兼容	主要为了自然生态系统持续性利用

（二）国家公园的界定

自美国建立首座国家公园后，国家公园理念和模式在世界各国得到迅速发展，但对国家公园的概念并没有一个全球通用的统一表述。

作为最早创立国家公园的国家——美国，在1916年《美国国家公园管理局组建法》中对国家公园这样描述，"为了保护自然景观和历史遗产和其中的野生动植物，用这种手段及方式为人们提供快乐并保证它们不受破坏，确保子孙后代的福祉[1]"。目前，美国给出的国家公园定义有狭义和广义两

---

[1] 王庆生，吕婷.建立国家公园体制，推动我国区域旅游可持续发展[J].中国商论，2017，03（08）.

种。狭义的国家公园，指由国家宣布作为公共财产而划定的以保护自然、文化和民众休闲为目的的区域，英文为 National park；广义的国家公园，指的是由国家公园管理局（NPS）管理的整个国家公园体系，它涵盖国家公园、国家战场公园、国家军事公园、国家历史公园、国家纪念地、国家风景游路、国家公园大道等 20 类以建设公园、文物古迹、历史、观光大道、游憩区为目的的所有陆地和水域。

澳大利亚作为一个联邦制国家，全国没有一个统一的国家公园定义，不同州对国家公园有不同的表述。首都直辖区的界定："国家公园是用于保护自然生态系统、娱乐及进行自然环境研究和公众休闲的大面积区域"。指出了国家公园的用途和功能。昆士兰州认为"国家公园是动植物区系多样性极为丰富、有一定历史意义的、具有高水准自然景观的相当大面积区域，永久性地用于公众娱乐和教育，防止与基本管理目标不符的活动以确保其自然特征"[1]。涵盖了国家公园的划定标准及目的。

瑞典对国家公园的定义是：具有某些类型景观和大规模连接区域，理想的情况下，该地区应未受到商业或工业的污染并且尽可能地接近自然状态，分为国家公园和自然保护区两类[2]。人口密度较高的英国把国家公园界定为：一个广阔的区域，以其自然美和它能为户外欣赏提供机会以及与中心区人口的相关位置为特征。可以看出，两个国家设定的国家公园入选标准不是很高。

日本作为亚洲最早建立国家公园的国家，在其自然公园法中对国家公园的定义是：风景优美的地方和重要的生态系统，值得作为日本国家级风景名胜区和优秀的生态系统。

即便国际自然保护联盟（IUCN），对于国家公园的表述也随着实践和认识的变化不断完善。1969 年，它接受了美国国家公园的概念，这样来描述国家公园："一个国家公园有一个或多个生态系统，通常没有或很少受人类占据及开发影响，物种具有科学、教育或游憩的特定作用，或有高度美学价值的自然景观；国家最高管理机构采取措施阻止或取缔人类的占据和开发并切实尊重生态、地貌或美学实体，并设立国家公园；以得到批准的观光游

[1] 傅广海.基于生态文明战略的国家公园建设与管理 [M].成都：西南财经大学出版社，2014.
[2] 国家林业局森林公园管理办公室，中南林业科技大学旅游学院.国家公园体制比较研究 [M].北京：中国林业出版社，2015.

憩、教育及文化陶冶为目的。"[1] 而 1994 年出版的《保护区管理类别指南》一书则提出设立国家公园的三个基本条件：一是为现在及将来一个或多个生态系统的完整性保护；二是禁止有损于保护区规定目标的资源开发或土地占用活动；三是为精神、科学、教育、娱乐及旅游等活动提供一个环境和文化兼容的基地，在一定范围内和特定情况下，准许游客进入[2]。2013 年又对国家公园做了进一步的界定：国家公园是以保护、观光、科教、游览为目的的管理区。该类陆地和海洋自然区有以下要求：为现在及将来一个或多个生态系统的完整性保护，禁止有损于保护区规定目标的资源开发或土地占用活动，为精神、科学、教育、娱乐及旅游等活动提供一个环境和文化兼容的基地。IUCN 对于国家公园的这种界定得到越来越多学术组织的认可，对全球国家公园建设产生了重要影响。IUCN 世界自然保护地数据库数据显示：至 2016 年 4 月，全世界符合 IUCN 标准的国家公园自然保护地有 5625 个，基本上以自然为主，以文化类型为主的不足 10 个[3]。

纵观世界各国，延续国家公园的宗旨精神，又根据本国国情建立起的各具特色的国家公园，都具有如下特征：一是价值较高的保护区域（包括水域），特别是景观价值；二是需要兼顾保护与利用，要为公众提供多种服务；三是国家对其保护与利用要承担重要责任[4]。

中国国家公园建设起步较晚。2017 年，我国发布的《建立国家公园体制总体方案》对国家公园进行了明确界定：国家公园是指由国家批准设立并主导管理，边界清晰，以保护具有国家代表性的大面积自然生态系统为主要目的，实现自然资源科学保护和合理利用的特定陆地或海洋区域[5]。这一描述重点突出了建立国家公园的目的。

（三）国家公园的功能

尽管有关国家公园的定义和认定标准各国不一，但国家公园所具有的价值及功能认知比较一致：国家公园具有精神、文化、游憩、环境保护等多元价值，并相应地具备生态科教、生态服务、生态保护等多方面功能。

[1] 陈妍. 湖南省风景名胜区规划管理的问题及对策研究 [D]. 长沙：湖南大学，2018.

[2] 唐芳林. 国家公园理论与实践 [M]. 北京：中国林业出版社，2017.

[3] 同 [2]

[4] 苏杨，王蕾. 中国国家公园体制试点的相关概念、政策背景和技术难点 [J]. 环境保护，2015（14）.

[5] 中共中央办公厅、国务院办公厅. 建立国家公园体制总体方案，2017-9-26.

1. 生态保护

生态保护是国家公园居于首位的、最为核心的功能。国家公园地区大都具有一个或多个完整的自然和文化生态系统，并包含有特殊的生物群落和独特的人文历史资源，对于人类的生活环境品质、国土安全以及文明传承极具意义。设立国家公园，赋予国家公园管理部门的责任和义务首要的就是完整保存并展示自然和文化生态系统，保存大自然物种和人类文明传统，保持生物和文化多样性，提供作为基因库的功能，并以此供后代子孙世代使用，让人类文明得以延续和传承。

2. 生态服务

生态服务功能，是指在保护生态的前提下，为国民提供观光场所，满足国民的户外游憩需求和精神文化需求，同时带动地方经济社会发展。优美神奇的大自然可以陶冶情操，启发灵感。工业化、城市化导致人与自然日渐疏离，单调、程式化的城市生活方式大大激发了国民对于户外游憩的现实需求，人们特别渴望回归大自然。国家公园因具有优美自然的原始风景，成为很多都市人群最向往的高品质游憩地。而大量游客的到来客观上也为国家公园带来了数目可观的旅游收入，繁荣了公园周边市镇，并增加了园区内外居民就业发展的机会，促进了地方经济发展。有资料显示，哥斯达黎加开展以国家公园为主的生态旅游收效显著，1991 年旅游收入已成为国家外汇收入的第二大来源，达 3.36 亿美元[1]。

3. 生态科教

国家公园内的地形、地质、气候、土壤、水域及动植物生态资源多未经人为干扰或改变，可谓最佳"自然博物馆"，是人类进行自然科学研究的良好场所。可以利用国家公园区域研究生态系统发展、食物链、能量传递、物质循环、生物群落演变与消长等[2]。这种天然的生态环境、自然风貌也为国民生态教育以及科普提供了最优场所。国家公园的游客中心、研究站的室内解说以及解说员实地环境解说所提供的野外教育，可以增强国民的游憩体验，提高国民的生态认知水平，促进人类认识自然、利用自然、传承文明。

---

[1] 国家公园的定义与功能 [EB/OL]. 国家林业和草原局政府网，2014-08-08.
[2] 同 [1]

二、代表性国家和地区国家公园的建立与发展

美国创设了国家公园一词，并建立了世界上第一个国家公园。之后，其他国家也纷纷付诸行动。虽然各国都秉持着国家公园最核心的理念，但基于国情的不同，保护对象、管理目标等也不尽相同。

（一）美国国家公园：保护荒野景观

美国最早产生国家公园的萌芽，源自对18世纪西部拓荒造成印第安文明与大规模自然生态破坏的反思。建立国家公园，就是要保存壮美的、能够彰显民族自豪感的荒野景观，并将其作为人民大众旅游娱乐的公园或游乐场。反映出美国社会对荒野尤其是荒野景观所具有的美学、精神、文化、旅游等多元价值的认同，以及为了"人民"而保护景观资源的思想。2017年，美国国家公园管理局已经下辖国家公园59座。

黄石国家公园建立的100多年来，美国国家公园历经波折，在实践中不断尝试、不断检验、不断发展。总的来说其国家公园的发展可分为六个阶段：

1. 国家公园起步阶段（1872—1915年）

这段时期，美国国家公园系统还未形成，管理处于混乱状态，没有专业的管理团队，没有生态保护意识。1886年，军队接管国家公园，暂时负责公园的建设与管理事项。国家公园内修建道路、行政设施以及在奇观附近建酒店的活动，尤其是在赫奇赫奇山谷修建水坝事件进一步暴露了国家公园管理上的缺陷，也使国家公园倡导者意识到建立统一的、专业的国家公园管理机构的必要性和迫切性。

2. 以旅游开发为中心的阶段（1916—1928年）

1916年，美国成立国家公园管理局（NPS），统一国家公园管理，标志着美国国家公园体制的形成。在这一阶段，公园管理仍处于迷茫期，公园管理局确立并执行的是以旅游开发为中心的政策，大力发展休闲旅游。他们捕杀食肉动物，引进外来物种进行风景培育，允许汽车进入公园，将国家公园打造成了颇受美国民众青睐的"国家游乐场"[1]。但同时，缺乏生态保护意识的旅游开发行为也引发了一系列生态环境问题。

---

[1] 高科. 美国国家公园的旅游开发及其环境影响（1915—1929）[J]. 世界历史, 2018（4）.

3. 生态保护意识觉醒阶段（1929—1940 年）

生态学者、环境保护主义者及部分管理者的生态保护意识觉醒，科学研究开始渗透进自然资源管理与保护。1929 年夏天，乔治·莱特（George Wright）资助的公园野生动物调查展开，这是 NPS 第一次应用长期而深入的科学研究支持自然资源管理。1933 年，NPS 建立野生动物部，莱特成为领导人。然而三年之后莱特意外去世，1940 年野生动物学家就被调出 NPS。

4. 旅游设施迅速膨胀阶段（1941—1962 年）

二战期间，受战争影响，国家公园经费和人员大幅削减，发展几近停滞。20 世纪 50 年代，相对于激增的美国国内出行旅游人数，公园内已有的游客设施明显不足。为了满足人们的旅游需求，政府实施了为期 10 年的"66 计划"，平均每年花费 1 亿美元对国家公园内的基础设施设备进行扩建与维修，全面提升国家公园旅游接待能力和接待水平，极大促进了美国国家公园的发展。

5. 生态保护快速推进阶段（1963—1979 年）

NPS 从一些学者研究报告中认识到了加强生态管理的重要性，开始反思并关注环境立法与变革。此期间，《原野法》《国家历史保护法》《原生风景河流法》《国家步道系统法》《国家环境政策法》《濒危物种法》《国家公园及休闲法》等多部关于环境保护的法律相继出台；国家公园管理局在这一时期还开始采用科学的方法来处理林火、昆虫等公园内生态事务，科学真正地进入到公园管理实践中[1]。

6. 生态保护制度逐步完善阶段（1980 年后）

1980 年，国家公园向国会提供《国家公园现状》报告，指出公园的外部威胁和公园内部问题，提出了自然资源清查、生态监测等科学改善自然资源管理的方法。人与自然和谐相处、环保优先的发展理念得到重视。国家公园管局开始与私人机构合作，开发公园的教育功能，成为重要的生态保护教育力量，推动着美国生态保护事业的发展。

美国国家公园近 150 年的发展历程，从只重视旅游体验而忽略生态环境保护，到保护意识的逐渐觉醒，及至今日成熟与科学的管理与保护系统[2]，有效平衡了生态保护与旅游发展的关系，是在为了"人民的享用"这一根本目标下，不断探索创新的结果，为其他国家和地区的国家公园建设提供了相

[1] 谢艺文.美国国家公园的发展历程及对我国旅游发展的启示探讨[J].现代商贸工业，2019（3）.
[2] 同 [1]

当宝贵的经验。

（二）英国国家公园：建设重点在乡村

英国国土面积小、人口密度大，拥有较多的人类活动，大部分为私有土地。基于国情，与美国保护荒野不同，英国国家公园建设的重点在乡村。公园的使命主要是保留"传统景观"和创造这种景观的综合性农业实践，为大众提供游憩活动。英国国家公园大多具有明显的乡村性和半乡村性，公园管理活动一直追求传统文化和经济活动与乡村自然生态之间的协调和融合[1]。英国的国家公园既不是国家的（其中大部分为私有土地），也不是公园（其中有大面积私人农田场地禁止游人入内），明确鼓励进行多种经济开发，娱乐和旅游只作为公园开发的一部分，它是由自然的奇观和成百上千年人类的文明而产生的[2]，其发展过程具有独特性。

1. 国家公园思想萌芽期（1810—1926 年）

1810 年英国诗人威廉·威兹发表《湖泊指南》，表达了对自然的深刻认识和对自然风景的热爱。1926 年由英格兰乡村保护委员会、徒步协会等许多户外活动组织组成了一个国家公园联合常设委员会（现国家公园委员会）。联合常设委员会为争取民众进入广大乡村的通行权利大声疾呼。

2. 国家公园制度确立期（1927—1949 年）

1927 年，英国第二届工党政府成立了一个专门委员会研究设立国家公园的可行性。1945 年，国家公园委员会提出了关于国家公园的报告——《英格兰和威尔士的国家公园》，政府批准了国家公园的设想。1949 年，议会通过了《乡村道路和国家公园法》，国家公园建设有了法律依据，英国国家公园制度由此建立。

3. 国家公园快速发展期（1950—1957 年）

以《乡村道路和国家公园法》为依据，在 1951—1957 年间，国家公园委员会划定了 10 个国家公园，并得到国务大臣的批准，相继于 1951 年、1952 年、1954 年、1956 年、1957 年建立。公园内自然奇观与农田、林地、纵横交错的道路和管线、茅舍、村庄、小镇这样的人类文明成果共存，凸显了国家公园的独特性。

---

[1] 徐菲菲. 制度可持续性视角下英国国家公园体制建设管治模式研究 [J]. 旅游科学，2015（3）.

[2] 赵中枢. 英国的国家公园运动及其规划管理 [J]. 北京园林，1989（4）.

4. 国家公园巩固提升期（1958 年后）

1958 年以来，英国着力提升公园品质。国家公园建设主要集中在完善相关法律制度、管理制度、加强社区参与等方面，而不是公园数量的增长。目前，英国共有 15 个国家公园，总面积占国土面积的 12.7%，居住着超过 45 万人口 [1]。

融合了自然奇观和人类文明成果的英国国家公园，为他国国家公园建设提供了不同于美国的新思路。

（三）我国台湾地区国家公园：后发优势

我国台湾地区在国家公园建设上既借鉴美国、日本、英国等先进国家经验，又充分考虑本区地理和自然资源特征。虽然国家公园起步较晚，但具有后发优势，其建设成就引起世界各国的瞩目。

我国台湾地区的国家公园建设开始于 20 世纪 30 年代。我国台湾引入日本国家公园思想，1933 年我国台湾地区成立"国家公园"调查会，1935 年组建"国立公园委员会"，选定"新高阿里山国立公园、次高太鲁阁国立公园、大屯国立公园"三处预定地。但因中日战争爆发，研建计划搁置。

有关部门于 1964 年提交了国家公园相关规定意见，但因政府专注经济建设而未获得批准。1969 年，经过修改的国家公园相关规定意见再次报请审批，1972 年 6 月正式通过并实施，国家公园的规划、调查工作重新开始。1979 年 4 月，"台湾地区综合开发计划"被通过，划定垦丁、玉山、雪山、太鲁阁等 9 个地区为国家公园预选区。

20 世纪 80 年代以来，我国台湾国家公园蓬勃发展。1982 年垦丁被选定为第一座国家公园，于 1984 年成立公园管理处，正式开放。其后，玉山国家公园、阳明山国家公园、太鲁阁国家公园等相继建立。目前，我国台湾共规划建立 11 座特色突出的精品国家公园。

20 世纪 80 年代至今的短短几十年间，我国台湾就建立起一套适应本地区实际又与国际接轨的国家公园制度：保护为主、局部开发；优先定规、依规实施；科学规划、分区管理；统筹规划、三级垂直管理体制；科学教育、全民普及。对发达国家成熟经验的积极吸收、借鉴，让我国台湾国家公园建

---

[1] 唐芳林 . 国家公园理论与实践 [M]. 北京：中国林业出版社，2017.

设节约了建设成本，缩短了建设时间。我国台湾地区国家公园建设管理的很多经验值得我们认真学习。

三、中国自然保护地体系建设和国家公园探索

新中国的自然保护事业开始于20世纪50年代，蓬勃发展于改革开放后。党的十八大以来，在党中央的领导下，以国家公园为主体的自然保护地体系建设快速推进，我国自然保护事业将再展宏图。

（一）新中国自然保护地体系建设回顾

我国幅员辽阔，气候类型多样，地形地貌复杂，孕育了生物的多样性，造就了优美壮丽的自然景观。为保护生态环境和自然资源，我国1956年开始建立自然保护区，但"文革"期间出现停滞，改革开放后，重又蓬勃发展，成为我国最主要的保护地类型。除自然保护区外，改革开放后，我国还建立了国家森林公园、风景名胜区、地质公园、湿地公园、矿山公园等不同类型的自然保护地，形成了类型丰富的中国特色自然保护地体系。这些保护地基本覆盖了我国绝大多数重要的自然生态系统和自然遗产资源，60多年来，在保护生物多样性、保护自然资源、维护生态安全等方面发挥了重要作用。2019年，国家林业和草原局有关负责人表示，我国已建立各级各类自然保护地超过1.18万个，保护面积覆盖陆域面积的18%、领海的4.6%，超过世界平均水平。基于管理对象不同，具体包括自然保护区、风景名胜区、森林公园、湿地公园、沙漠公园、地质公园、矿山公园、国家海洋公园等10多个类型，其中又以自然保护区为主。

1. 自然保护区

受苏联"严格保护"思想的影响，1956年我国开始建立自然保护区，对有代表性的自然生态系统、珍稀濒危野生动植物物种的天然集中分布区、有特殊意义的自然遗迹等保护对象所在的陆地、陆地水体或海域，依法划出一定面积进行特殊保护和管理。广东肇庆市鼎湖山、海南尖峰岭、福建武夷山、吉林长白山、云南西双版纳等地成为第一批自然保护区。"文革"期间，自然保护区的发展受到很大影响。改革开放后，自然保护事业得以重生。1979年5月，自然保护区科学普查工作全面展开。1994年，国务院颁布了《中华人民共和国自然保护区条例》。1997年国家环保局发布了《中国自然保

护区发展规划纲要（1996—2010 年）》。国家一系列政策措施的出台，推动我国自然保护区事业稳步发展。1980—1996 年间，我国建立自然保护区835 个，平均每年新建 50 个左右。1997—2010 年间，建立自然保护区 1765 个，平均每年新建 98 个左右。党的十八大后，自然保护区建设从数量规模型向质量效益型转变，工作重点放到解决自身发展中的问题上。

截至 2017 年底，中国已建立各种类型、不同级别的保护区 2750 多个，总面积约 14733 万公顷，约占中国陆地面积的 14.88%。保护着 90.5% 的陆地生态系统类型、85% 的野生动植物种类、65% 的高等植物群落，保护了300 多种重点保护的野生动物和 130 多种重点保护的野生植物[1]。根据《自然保护区类型与级别划分原则（GB/T 14529-93）》这一国家标准，我国自然保护区被分成 3 大类别、9 个类型（表 1-2）。

表 1-2　中国自然保护区类型（GB）划分

类别	类型	代表
自然生态系统类	森林生态系统类型	长白山自然保护区
	草原与草甸生态系统类型	锡林郭勒草原自然保护区
	荒漠生态系统类型	新疆阿尔金山自然保护区
	内陆湿地和水域生态系统类型	青海湖自然保护区
	海洋和海岸生态系统类型	广东湛江红树林自然保护区
野生生物类	野生动物类型	黑龙江扎龙自然保护区
	野生植物类型	广西上岳金花茶自然保护区
自然遗迹类	地质遗迹类型	黑龙江五大连池自然保护区
	古生物遗迹类型	河南南阳恐龙蛋化石群自然保护区

2. 风景名胜区

根据《风景名胜区条例》，风景名胜区是具有观赏、文化或者科学价值，自然景观、人文景观比较集中，环境优美，可供人们游览和进行科学文化活动的区域。

1978 年，为了抢救珍贵风景名胜资源，继承和保护历史遗留，建设部门和一些专家学者提议建立中国风景名胜区管理制度。1982 年，风景名胜区制度正式建立，并审定批准了首批 44 个国家重点风景名胜区。此后又分别于 1988 年、1994 年、2002 年、2004 年、2005 年、2009 年、2012 年、

[1] 陈溯 . 中国自然保护地达 10000 余处占地域面积 18%[N]. 中国新闻网，2018-04-17.

2017 年审定批准了共 9 批风景名胜区。至 2015 年底,全国共有风景名胜区962 处,其中国家级 225 处,省级 737 处,风景名胜区面积约为国土面积的2.02%[1],为我国保存了大量珍贵的自然文化遗产,促进了经济和社会发展。

3. 森林公园

森林公园,是指森林景观优美,自然景观和人文景物集中,具有一定规模,可供人们游览、休息或进行科学、文化、教育活动的场所。我国森林公园自党的十一届三中全会后,伴随着旅游业的恢复和兴起真正起步。

1982 年,湖南张家界国家森林公园的建立拉开了我国森林公园建设的序幕。1990 年底,全国森林公园 27 处,其中国家级森林公园 6 处。1992 年,在原林业部的号召下,全国掀起森林公园建设的高潮,当年批复成立的森林公园就达 141 处。这种急速发展带来了森林公园的良莠不齐,增加了行业管理的困扰。林业部相继颁布了《森林公园管理办法》《国家森林公园设计规范》,一些省份也制定出台本省森林公园管理条例或办法。一系列行业管理动作促使森林公园发展走向标准化、科学化、法制化。2000 年底,全国森林公园达 1078 处(其中,国家级森林公园 344 处),形成了以国家级森林公园为骨干,国家、省、市(县)三级森林公园共同发展的格局。2001 年国家林业局召开了全国森林公园工作会议。会议明确了森林公园的性质是公益事业而非经营企业,提出了新时期森林公园发展的新任务、新目标,带来了森林公园经营机制的不断创新,促进了森林公园的提升和发展。2010 年底,全国共建立森林公园 2583 处,其中,国家级森林公园 746 处。

4. 地质公园

地质公园的概念在我国是 20 世纪 90 年代中期提出来的。建立地质公园有三个主要目的:保护地质遗迹及其环境;促进科普教育和科学研究的开展;合理开发地质遗迹资源,促进所在地区社会经济可持续发展[2]。

中国是世界上地质遗迹资源最丰富、分布最广阔、种类最齐全的国家之一。1985 年,我国地质学家提出了在地质意义重要、地质景观优美的地区建立地质公园的主张。1995 年 5 月,原地质矿产部将建立地质公园作为地质遗迹保护的一种方式写入部门法规——《地质遗迹保护管理规定》中。1999 年国土资源部在"全国地质地貌保护会议"上进一步提出建立地质公

[1] 住房城乡建设部.全国风景名胜区事业发展"十三五"规划,2016-11-10.
[2] 张忠慧.地质公园科学解说理论与实践[M].北京:地质出版社,2014.

园的工作规划，并于 2000 年初制定了《全国地质遗迹保护规划（2001—2010 年）》和《国家地质公园总体规划工作指南》。此后，各省、自治区、直辖市开始积极申报国家公园。经过 20 年的发展，中国正式命名的国家地质公园 214 处，授予国家地质公园资格 56 处，批准建立省级地质公园 300 多处，形成了地质遗迹类型齐全，遍及 31 个省、自治区、直辖市和香港地区的地质公园体系。它们已成为我国重要的自然教育基地，每年吸引着大量游客前往。中国还是世界地质公园的创始国之一，在国际上为推动地质公园的发展做出了很大贡献。国内世界地质公园多达 39 处，位居全球第一。

5. 湿地公园

我国 2010 年《国家湿地公园管理办法（试行）》把湿地公园界定为，以保护湿地生态系统、合理利用湿地资源为目的，可供开展湿地保护、恢复、宣传、教育、科研、监测、生态旅游等活动的特定区域。

1992 年，我国加入《湿地公约》后，开始启动湿地保护管理工作。进入 21 世纪以来，湿地保护管理工作全面加强。2004 年国务院办公厅下发《关于加强湿地保护管理的通知》，提出"建立各种类型湿地公园"这一全新的工作。2005 年，国家林业局发出了《关于做好湿地公园发展建设工作的通知》，明确了湿地公园建设的基本原则。同年，林业局建立了我国第一个国家湿地公园——浙江杭州西溪国家湿地公园。截至 2016 年 8 月，我国已建有湿地公园 979 处，其中国家级 705 处。湿地公园的快速发展使得我国湿地保护与恢复和可持续发展并行，同时也为我国开展湿地科普宣教、人们体验湿地生态功能、享受湿地休闲环境提供了重要的场所，更推动了当地经济的发展。

6. 海洋特别保护区和海洋公园

按照我国《海洋特别保护区管理办法》的规定，海洋特别保护区是指具有特殊地理条件、生态系统、生物与非生物资源及海洋开发利用特殊要求，需要采取有效保护措施和科学开发方式进行特殊管理的区域。与海洋自然保护区的"禁止开发"不同，海洋特别保护区在有效保护海洋生态和恢复资源的同时，允许并鼓励合理科学的开发利用活动。我国 2005 年开始建立国家级海洋特别保护区，到 2018 年底，已达 71 处，形成了包含特殊地理条件保护区、海洋生态保护区、海洋资源保护区和海洋公园等多种类型的海洋特别保护区网络体系。

作为海洋特别保护区的重要组成之一——海洋公园，其目的是促进人与海洋自然生态环境的和谐发展。自 2010 年被纳入海洋特别保护区的体系后，发展非常迅速。2011 年，国家海洋局公布了首批 7 处国家级海洋公园，2012 年、2014 年、2016 年、2017 年又分五批推出 30 个国家级海洋公园。这些海洋公园在促进海洋生态保护的同时，也促进了海洋资源可持续利用，促进了滨海旅游业的发展，丰富了海洋生态文明建设的内容。

7. 水利风景区

水利风景区，是指以水域（水体）或水利工程为依托，具有一定规模和质量的风景资源与环境条件，可以开展观光、娱乐、休闲、度假或科学、文化、教育活动的区域[1]。

20 世纪 80—90 年代，一些基层水利部门尝试利用水利风景资源开展旅游活动。1997 年水利部印发了《水利旅游区管理办法（试行）》规范水利资源的开发行为。2000 年正式开始国家水利旅游区的申报工作，2001 年 7 月，水利部成立了水利风景区评审委员会，开始评审，并改"水利旅游区"为"水利风景区"。2001 年 10 月公布了第一批 18 家国家水利风景区名单。2001年底，发布《关于加强水利风景区建设与管理工作的通知》。为了科学合理利用水利风景资源，保护水资源和生态环境，2004 - 2008 年，水利部制定了一系列水利风景区管理的规范性文件，如《水利风景区管理办法》《水利风景区评价标准（SL300-2004）》等，2009 年成立了水利部水利风景区建设与管理领导小组，我国水利风景区建设逐步进入规范、快速发展的轨道。截至 2017 年底，全国国家水利风景区达到 832 个，相当于省级质量的水利风景区达 2000 多家[2]。初步形成了类型较为齐全、布局较为合理、功能较为完备、管理较为科学的景区网络。

8. 其他类型保护地

矿山公园：矿山公园是以展示人类矿业遗迹景观为主体，体现矿业发展历史内涵，具备研究价值教育功能，可供人们浏览观赏、进行科学考察与科学知识普及的特定空间区域[3]。我国矿产资源丰富、类型众多，具有悠久的矿业开发史。但许多珍贵的矿山遗迹和遗址遭受自然和人为破坏严重。20

[1] 肖飞，王凯. 对水利风景区文化内涵建设的若干思考 [J]. 水利发展研究，2015-06-08.

[2] 李晓华. 中国水利风景区发展报告（2008）[M]. 北京：社会科学文献出版社，2018.

[3] 韩百川. 环境教育背景下的国家矿山公园环境解说系统规划与设计研究——以福建寿山国家矿山公园为例 [D]. 福州市：福建农林大学，2020.

世纪 80 年代中期至 2014 年之前，我国通过建立地质公园的方式加以保护。2004 年 11 月，原国土资源部发文要求"有条件的地方开展矿山公园建设"，矿山公园的申报和建设工作正式启动，从此矿业遗迹与地质足迹保护工作独立并行。2005 年、2010 年、2013 年、2017 年，原国土资源部分别授予了 28 处、33 处、11 处、16 处国家矿山公园资格，截至 2017 年底，全国已被授予国家矿山公园建设资格的共有 88 处。

种质资源保护区：种质资源保护区包括水产种质资源保护区和畜牧遗传资源保护区。我国水产种质资源保护区于 2007 年开始建设，截至 2016 年底，共建有 464 处。畜牧遗传资源保护区于 2008 年开始建设，截至 2016 年底，共建有 23 处。

沙漠公园：沙漠公园是以荒漠景观为主体，以保护荒漠生态系统和生态功能为核心，合理利用自然与人文景观资源，开展生态保护及植被恢复、科研监测、宣传教育、生态旅游等活动的特定区域[1]。2013 年 1 月，国务院批准实施《全国防沙治沙规划》，提出"有条件的地方建设沙漠公园，发展沙漠景观旅游"。同年 8 月，批准在宁夏中卫市设立我国首个国家沙漠公园。2014 年 9 月 18 日，全国首批 9 个国家级沙漠公园正式挂牌，它们全部位于新疆维吾尔自治区。2015 年 12 月 22 日，国家林业局在原有 33 个沙漠公园试点的基础上，又批复了 22 个沙漠公园，国家沙漠公园的建设驶入快车道，我国沙漠公园总数达到 55 处。《国家沙漠公园发展规划（2016—2025 年）》提出，到 2020 年，重点建设国家沙漠公园 170 处。到 2025 年，重点建设国家沙漠公园 359 个，总面积 142.7 万公顷。

（二）以自然保护区为主的自然保护地体系存在的主要问题

1956 年至今的 60 多年里，我国以自然保护区为主体的保护地体系不断丰富，基本上涵盖了绝大多数重要的自然生态系统和自然遗产资源。但"抢救式保护"背景下建立起来的自然保护制度，由于缺乏顶层设计和整体规划，交叉重叠、空间破碎、定位模糊、多头管理等问题越来越突出，已跟不上新时代我国生态文明建设的步伐。

---

[1] 国家林业局.国家沙漠公园管理办法 [Z]，2017.

1. 保护地建设缺乏整体、科学的规划，空间破碎、交叉重叠

森林、草原、湿地等具有物质资源和生态功能双重属性。长期以来，我们只重视它们的物质属性，忽视其生态功能，管理职能分散在国家林业、环保、国土、农业、水利、海洋等各部门。改革开放后，伴随着旅游业的发展，各职能部门纷纷在所辖领域依托管理对象建立不同类型的"国"字头保护地，各类自然保护地出现空间范围上的交叉重叠。有的自然保护地同时挂自然保护区、风景名胜区、地质公园等多块牌子。同一保护地内多个管理部门各自为政，"九龙治水"，造成管理上的混乱，内耗严重，增加了管理成本。保护地空间范围的交错重叠还造成了统计上的困难，不利于整体把握保护地建设情况及保护成效。另外，我国自然保护按资源分部门管理的同时，还呈现国家、省、市县三级或国家、省两级共同发展的格局，"条""块"管理并存。很多在地理上完整的生态系统因行政区划、资源分类被行政分割，碎片化现象严重，人为割裂了生态系统保护的整体性、系统性，一些重要的生境不能得到有效保护。

2. 自然保护地定位不清，"公益"变"营利"

我国自然保护地以属地管理为主。受制于政绩考核体系，地方政府的发展理念一直没有发生根本转变，普遍把自然保护地当作地方经济发展的摇钱树，过度追求门票收入、商业收入，生态环境保护往往让位于自然资源的商业性开发，保护地的"公益"性被"营利"性所取代，公共服务功能弱化，生态系统的完整性、原真性遭到破坏。

3. 保护地与社区协调发展矛盾突出，民众发展诉求高

我国自然保护地特别是自然保护区建设中忽视了与社区的共同发展。没能处理好保护地建设管理与当地经济、居民生产和生活的关系。一是生态补偿和损害赔偿不到位。对因保护区建设不得不搬迁或原本正常的生产活动受到影响的当地居民，给予的补偿资金金额较低；野生动物肇事损害赔偿制度还不完善，保护地周边社区村庄受损的农牧民得不到应有的赔偿。二是保护区对当地社会发展的带动作用较小。除了一部分旅游发展较好的公园外，其他保护地范围内或周边社区、村庄经济发展落后，居民普遍面临贫困问题，发展诉求较高。保护地这一绿色标签不能从根本上解决社区对保护区资源的依赖，砍伐薪柴、偷猎野生动物以及盗采珍稀植物等一系列破坏行为也就难以杜绝，从而增加了我国自然保护的难度和成本。

4. 自然保护地建设和管理资金短缺，基层保护职能薄弱

自然保护地是国家的公共资源，自然保护事业是公益事业，政府应给予经费保障。《中华人民共和国自然保护区条例》规定："管理自然保护区所需经费，由自然保护区所在地的县级以上地方人民政府安排。国家对国家级自然保护区的管理，给予适当的资金补助。"这从法律上明确了地方政府承担保护资金主要支出责任。但事实上，自然保护区所在地经济发展一般比较落后，地方政府无法提供充足的资金保障。从中央政府投入来看，我国仅对原来林业系统管理的国家级自然保护区有少量经费投入，只能满足三分之一的保护区的需求，保护资金严重不足[1]。相比自然保护区，世界自然遗产、国家地质公园、国家海洋特别保护区得到的补助更少。政府投入严重不足使保护地普遍陷入管理困境。自然保护地机构虚设，自然保护区、地质公园没有机构，或有机构有编制而无人员的现象比比皆是。基层管理羸弱不堪，执法监督有心无力，难以有效阻止生态的破坏。

总之，60多年来我国建立起的以自然保护区为主的保护地体系受困于发展与保护的矛盾突出、管理不顺等一系列现实问题，探索新型保护地模式成为必然。

（三）我国国家公园建设实践

20世纪90年代以来，我国对新型保护地模式的探索体现为建设国家公园。国家公园建设的实践可分为两个阶段：地方自主探索阶段和中央主导的建设阶段。

1. 国家公园建设的地方探索

云南省生物多样丰富、景观资源富集、民族文化多元，但生态较为脆弱，经济社会发展比较滞后。为了科学合理地保护和利用本省资源，促进经济社会的可持续发展，20世纪90年代末期以来，云南开始了研究、探索建设国家公园，以国家公园守护生态的历程。

1996年，云南省委托中科院昆明分院等研究机构与国际上最大的自然保护组织之一的大自然保护协会（TNC）合作，开展玉龙雪山国家公园研究项目。十年之后的2006年，省政府做出了建设国家公园的战略部署，并将"探

---

[1] "巡护靠腿、执法靠怼"我国自然保护地资金短缺困局加深[N]. 第一财经，2019-03-03.

索建立国家公园新型生态保护模式"列为本省生态环境建设的工作重点之一。同年8月就建立了中国大陆第一个国家公园——香格里拉普达措国家公园。2008年6月，国家林业局同意了云南省林业厅的请示，批准云南省为国家公园建设试点省。云南承担起国家公园建设和发展道路积极探索以及国家公园法规、政策、标准、管理措施建立等使命。为了做好试点工作，云南省明确省林业厅为国家公园主管部门，成立了国家公园管理办公室，建立了国家公园专家委员会，并应国家林业局要求，出台了《云南省人民政府关于推进国家公园建设试点工作的意见》《云南省国家公园发展规划纲要（2009—2020）》以及《国家公园申报指南》等一系列指导性文件，林业厅同相关部门编制了7个地方技术标准，开展了相关课题研究。相继建立了普达措、梅里雪山、丽江老君山、高黎贡山、大围山、南滚河、西双版纳和普洱8个国家公园。2016年1月1日，我国第一部规范国家公园管理的地方性法规——《云南省国家公园管理条例》正式实施。自此，云南的国家公园建设步入法治化轨道。

云南省对国家公园的率先探索，为推动我国国家公园发展具有开拓性意义。在其之后，环保部和国家旅游局积极行动起来，在黑龙江伊春市汤旺河区开展国家公园建设试点。贵州省也于2012年提出打造"国家公园省"。2014年年初，环保部又批复了浙江开化和仙居两个县开展国家公园试点。

不可否认，国家公园的地方探索为我国保护地体系改革画上了浓重一笔，在我国保护地体系建设中具有里程碑意义。但从整体试点情况来看，由于缺乏有力的顶层设计，这一时期的国家公园在管理体制上没有取得突破性进展，原有保护地管理中的一些共性问题依然没有得到有效解决。

2. 中央主导下的国家公园建设

2013年党的十八届三中全会首次提出了建立国家公园体制这一重大国家战略。2015年1月，国家发改委联合国家林业局、财政部等13个部委印发了《关于建立国家公园体制试点方案的通知》，明确在北京、浙江、湖北、青海、黑龙江等9个省市集中开展国家公园体制试点工作，主要围绕生态保护、统一规范管理、明晰资源归属、创新经营管理和促进社区发展五项内容展开探索。3月份，国家发改委又印发了《建立国家公园体制试点2015年工作要点》和《国家公园体制试点区试点实施方案大纲》两个文件，6月份为期三年的试点工作正式启动。试点区域为国家级自然保护区、国家级风景名胜区、世界文化自然遗产、国家森林公园、国家地质公园等禁止开发区域[1]。后来又增加了祁连山国家公园试点。2019 年 7 月，国家公园管理局发布《海南热带雨林国家公园体制试点方案》，海南热带雨林国家公园体制试点工作也全面启动。至此，全国国家公园体制试点达到 10 处[2]，总面积约 22 万平方千米，占陆域国土面积的 2.3%[3]，涉及吉林、黑龙江、浙江、福建、湖北、湖南、四川、云南、陕西、甘肃、青海、海南 12 个省份。

　　根据中央规划，我国国家公园建设要分阶段稳步推进。第一阶段，到 2020 年，基本完成国家公园体制试点工作，分级统一的国家公园体制基本建立，并设立一批国家公园；第二阶段，到 2025 年，健全国家公园体制，初步建成以国家公园为主体的自然保护地体系；第三阶段，到 2035 年，提升管理效能，达到世界先进水平。

　　目前，我国 10 个国家公园体制试点任务基本完成，国家公园保护管理长效机制初步形成，国家公园体制建设取得了重要阶段性进展（表 1-3）：

　　一是国家公园顶层制度设计基本完成。党的十八届三中全会以来，中央加强了顶层设计，从中央层面对国家公园建设给予了积极引导，也提出了严格要求。2017 年 7 月，中共中央办公厅、国务院办公厅印发了《建立国家公园体制总体方案》，提出了坚持生态保护第一、国家代表性、全民公益性的国家公园理念，明确了国家公园建设思路和目标任务，系统阐述了"国家公园体制"内容，成为推动我国国家公园体制改革的纲领性文件。2018 年 3 月，国务院机构改革方案出台：组建自然资源部，组建国家林业和草原局并加挂国家公园管理局牌子，由自然资源部下的国家公园管理局统一行使国家公园管理职责。2019 年 6 月，中办和国办又印发了《关于建立以国家公园为主体的自然保护地体系的指导意见》，由此确立了国家公园在我国自然保护地体系中的主体地位。另外，《国家公园设立标准》《全国国家公园空间布局方案》《国家公园监测指标与技术体系》《国家公园生态保护和自然资源管理办法》《国家公园生态保护和自然资源管理办法》等一批国家公园保护管理具体制度或已编制出台或在制定中。

---

[1] 刘冲，谭益民，张双全等.城步国家公园体制试点区存在问题及对策研究 [J].中南林业科技大学学报（社会科学版），2015-11-23.

[2] 因机构协调、面积太小等多方面原因，北京长城后来退出了国家公园试点。

[3] 隋新玉.基于三阶段 DEA 模型的我国省域森林公园旅游效率研究 [D].沈阳：沈阳师范大学，2020.

二是试点区管理体制改革取得突破。作为生态文明建设的排头兵，国家公园体制试点，在建立统一事权、分级管理体制上取得突破。过去几年，不但中央层面建立起统一的国家公园管理机构——国家公园管理局，各试点区也整合建立了统一的国家公园管理架构，对园区内全民所有自然资源资产统一管理，并形成了分别以东北虎豹国家公园、大熊猫和祁连山国家公园、三江源和海南热带雨林国家公园为代表的"中央直管、中央和省级政府共同管理、中央委托省级政府管理"三大模式，全力解决困扰我国已久的自然保护地多头管理、"九龙治水"问题。

三是各试点区生态保护管理制度得以健全。在国家发改委以及后来的国家林业和草原局的指导、管理下，各试点区都出台了相关管理制度、标准规范，涉及特许经营、调查监测、资产评估等诸多环节，三江源、武夷山、神农架等试点区还颁布了国家公园管理条例，并积极落实，推进了试点区生态系统的原真性、完整性保护。祁连山、东北虎豹、三江源、神农架、钱江源等试点区初步搭建了自然资源监测平台，制定了水电、矿山等项目退出机制，启动了生物廊道、栖息地生态修复、裸露山体生态治理等生态工程建设，推动生态环境进一步改善，野生物种数量稳步增长。

"十四五"期间，我们将总结提炼国家公园体制试点的经验做法，坚守国家公园理念，继续破解深层次困难、历史遗留问题，健全国家公园体制，高质量建设国家公园。

表 1-3　我国 10 个国家公园体制试点

试点单位	基本情况	创新举措
三江源国家公园	2016 年 3 月，试点工作全面启动。试点区位于青海南部，总面积为 12.31 万平方千米，占三江源面积近三分之一。包括长江源、黄河源、澜沧江源 3 个园区，是我国重要的生态安全屏障。试点区内有 12 个乡镇、53 个村、17211 户牧民、61588 人	整合设立了三江源国家公园管理局和长江源、黄河源、澜沧江源 3 个园区管委会，形成"一园三区"统一管理架构；设置"一户一岗"生态管护公益岗位；园区管委会内设资源环境执法局，实现园区内统一执法
大熊猫国家公园	2017 年 1 月，全面启动试点工作。试点区总面积达 2.7 万平方千米，涉及四川、甘肃、陕西三省，内含 12 个市（州）、30 个县（市、区）、152 个乡镇，常住人口 12.08 万人。试点区内共有各类自然保护地 82 个，占试点区总面积 78.67%	大熊猫国家公园管理局以问题为导向，通过"树牢一个理念、明确一个定位、创新一个机制、搭建一个载体、打造一个平台"的"五个一"工作举措，最大限度调动地方政府支持公园建设的积极性；与集体组织合作，与原住民合作，与集体经济组织合作，着力破解集体所有自然资源管理的难题

东北虎豹国家公园	2017 年 1 月，试点正式启动。试点区跨吉林、黑龙江两省，总面积 14612 平方千米，包括 6 个县（市）、107 个行政村、9.3 万余人。试点区以森林生态系统为主体，森林覆盖率达 93.32%	成立东北虎豹国家公园国有自然资源资产管理局、东北虎豹国家公园管理局；实行中央垂直管理的"公园管理局–管理分局"两级管理体制；履行自然资源所有者职责，实现中央事权落地
普达措国家公园	2016 年 6 月，试点正式启动实施。试点区总面积 602.1 平方千米，涉及 2 个乡镇、23 个村民小组，人口 5400 人。因生物、文化、景观的多样性、独特性、珍稀性、不可替代性和不可模仿性而具有极高的保护价值和展示价值	通过社区产业发展长效扶持机制、旅游收益反哺社区发展机制、社区优先就业扶持机制促进社区发展，推动国家公园共建共管共享
神农架国家公园	2016 年 5 月，试点正式启动实施。试点区面积 1170 平方千米，是神农架林区总面积的 35.97%。辖 5 个乡镇、25 个村行政管辖区域、8492 户居民、21072 人。是世界生物活化石聚集地和古老、珍稀、特有物种避难所，被誉为北纬 31° 的绿色奇迹	整合组建了神农架国家公园管理局，由湖北省政府委托神农架林区政府管理。探索形成了社区共建共管共享可持续发展新格局。为当地农民购买兽灾补偿商业保险，初步建立了兽灾补偿机制。通过清洁农业、清洁生产补贴的方式，引导推进农业产业转型升级。实施以电（气）代柴清洁能源补贴试点，减少砍伐
钱江源国家公园	2016 年 6 月，试点正式启动实施。试点区面积约 252 平方千米，内含古田山国家级自然保护区、钱江源国家级森林公园、钱江源省级风景名胜区，分布着开化县的 21 个行政村、9744 人口。中国特有世界珍稀濒危物种、国家一级重点保护野生动物白颈长尾雉、黑麂主要栖息于此	组建成立由浙江省政府垂直管理、浙江省林业局代管钱江源国家公园管理局，组建省、市、县三级协调领导小组，形成了"垂直管理、政区协同"的管理体制；创新保护地役权改革，实现试点区内集体林地统一由钱江源国家公园管理局管理；创设钱江源国家公园频道，全面展示宣传钱江源国家公园
南山国家公园	2016 年 7 月，试点正式启动。试点区总面积 635.94 平方千米，内含四个国家级自然保护地（原南山国家级风景名胜区、金童山国家级自然保护区、两江峡谷国家森林公园、白云湖国家湿地公园）、7 个乡镇、36 个村（居）、3 个国有林场、1 个牧场、2 万常住人口。试点区集体林地比重大，占总林地面积的 65.84%	加强集体林地管理，实施公益林区划调整，将试点区内集体林地整体纳入生态公益林、天然林保护工程范围；实施集体林"租赁 + 补偿"的流转机制，试点区集体林地由南山国家公园管理。统一管理比例达 60% 以上
武夷山国家公园	2016 年 6 月，试点正式启动实施。试点区涵盖多个自然保护地类型（国家级自然保护区、国家级风景名胜区、国家森林公园等），规划总面积 1001.41 平方千米。涉及福建 4 个县（市、区）、9 个乡（镇、街道）、29 个行政村，区内人口 3352 人（分布在一般控制区）	成立省政府垂直管理的武夷山国家公园管理局，建立"管理局—管理站"两级国家公园管理体系；探索景观资源有偿利用，实现了景区、社区和谐发展；设立武夷山国家公园执法支队、福建省森林公安局国家公园分局两个执法机构

祁连山国家公园	2017年9月，全面启动试点工作。试点区位于甘肃、青海两省交界，总面积5.02万平方千米，涉及8个自然保护地、两省的14个县（区、场），常住人口41281人。试点主要针对局部生态破坏严重、保护地碎片化管理等突出问题，力求实现人与自然和谐共生	创新矿权退出机制，采取注销式、扣除式、补偿式三种退出方式；探索生态保护与民生改善协调发展新模式：甘肃生态移民"四个一"措施，实现核心区农牧民易地搬迁、转产增收。青海"村两委+"的社区参与共建共管共享机制，壮大了保护管理队伍
海南热带雨林国家公园	2019年7月，全面启动试点工作。试点区规划总面积4403平方千米，涉及五指山、琼中、白沙、东方、陵水、万宁等9个市县，常住人口3.04万人。涵盖国家级自然保护区5个、省级自然保护区4个、国家森林公园4个、省级森林公园6个	成立海南热带雨林国家公园管理局，整合试点区内19个保护地，纳入统一管理；省委、省政府与国家林业和草原局联合成立海南热带雨林国家公园建设工作推进领导小组；创新生态搬迁土地置换方式；设立国家公园研究院

（四）中国特色国家公园体制建设的特征

中国国家公园体制建设是生态文明建设的重要内容，是以实际问题为导向的自然保护地体系创新性改革。既立足国情，遵循习近平生态文明思想，继承并发扬我国自然保护的探索和创新成果，又积极吸收借鉴世界各国国家公园建设的宝贵经验，注重与国际接轨，具有后发优势。

1. 国家公园的主体地位

落实党的十九大关于自然保护地改革精神，2019年我国出台《关于建立以国家公园为主体的自然保护地体系指导意见》，明确调整保护地分类政策，摒弃原来以自然保护区为主的保护地体系，把自然保护地按照生态价值和保护强度两个维度，由高到低设置为三类——国家公园、自然保护区、自然公园，构建"两园一区"以国家公园为主体的自然保护地新体系。国家公园主体地位的确立表明我国自然保护理念发生转变，自然资源管理目标由单纯保护转向严格保护与合理利用兼顾，让绿水青山发挥多重效益。

2. 坚持生态保护第一

加强生态保护是欧美国家公园付出沉重的环境代价之后反思的结果。后发优势使得我国在国家公园建设之初就提出，国家公园的首要功能是重要自然生态系统的原真性、完整性保护[1]，要坚持保护第一的理念。这是吸收欧

---

[1] 中共中央办公厅、国务院办公厅.建立国家公园体制总体方案[Z]，2017.

美国家公园建设的教训，也是基于我国人口规模庞大、经济社会发展不平衡、资源匮乏、生态脆弱、环境承载力接近极限、发展与保护矛盾突出等国情。高品质生态产品供给不能满足广大人民大众不断提升的对优美自然生态环境需要的现实，要求中国必须尽快补齐生态短板，提供更多优质生态产品。国家公园必须担负起维护国家生态安全屏障、保持健康稳定良好生态空间的责任和使命。

3. 坚持全民公益性

同其他国家一样，我国也把全民公益性作为国家公园理念之一。因为它是国家公园区别于自然保护区的一个本质特征，也是判断我国国家公园体制建设成败的重要依据。坚持全民公益性就是要求国家公园的建设和管理要能惠及国民，给广大民众带来福祉。主要体现为两个方面：一方面，通过发展生态旅游和国家公园的品牌加持，让公园内及周边地区居民成为公园建设最大的受益者；另一方面，在有效保护的前提下，通过提高自然生态系统服务效能，进行生态环境教育，为人们提供高质量的游憩场所和游憩机会，满足人民大众日益增长的游憩需求。我国国家公园建设中正在积极践行这一理念，探索有效举措，努力让公众真正感受到国家公园所带来的益处。

4. 坚持国家代表性

国家公园不是一般的公园。2017年中央出台的《建立国家公园体制总体方案》提出："国家公园既具有极其重要的自然生态系统，又拥有独特的自然景观和丰富的科学内涵，国民认同度高。国家公园以国家利益为主导，坚持国家所有，具有国家象征，代表国家形象，彰显中华文明。"我国大熊猫、三江源、普达措、神农架等国家公园体制试点区都具有较高的国家代表性，或因其生物系统、地形地貌的典型性，或因其精神文化价值的典型性。

5. 以自然资源资产的集中统一管理为核心

长期以来，我国自然资源资产登记和管理缺失，资源资产边界不清晰，全民所有自然资源资产所有者缺位，多头管理的问题十分严重。山水林田湖草是一个有机的系统生命共同体，生态治理应该系统思考、整体推进。顺应生态保护的这一内在规律，本着产权清晰、系统完整、权责明确、监管有效的要求，构建自然资源资产集中统一管理的国家公园新体制，着力破解现有自然保护地"九龙治水"、管理割裂、栖息地破碎化等难题，成为我国国家公园建设的主要内容。

第二章　全球国家公园建设中的矛盾冲突及制度安排

国家公园利益相关者众多，包括国家公园管理机构、社区、游客、特许经营者、地方政府、社会组织等，利益关系复杂，其建设发展过程充满矛盾、冲突。100多年来，欧美等国家和地区不断探索并完善国家公园政策和制度设计，健全利益协调机制，积累了丰富的经验。本章主要介绍各国国家公园发展中普遍遇到的公园建设与社区发展之间、资源保护与游憩发展之间、管理者与经营者之间矛盾、冲突及制度安排，以期为白洋淀国家公园运行机制建设提供方向和指引。

一、国家公园与社区

在国家公园的实践中，社区是一个无法回避的重要问题。这里的社区，既包括国家公园内的乡村社区，也包括与国家公园关系密切的周边乡村社区。1872年以来，国家公园与社区经历了一个从对抗到合作的过程。

（一）国家公园与社区间的冲突

国家公园是开展生态保护、公民游憩活动的重要载体。很多国家在国家公园建设中，曾因对社区居民权利和尊严的忽视，而让原住民陷入被驱逐、改变原有生产生活方式、文化延续活动受阻等困境，并引发反抗活动。与此同时，社区的土地制度、居民生产生活方式、文化风俗也给国家公园的发展带来了巨大困扰。国家公园与社区之间的矛盾、冲突在全球范围内成为一种普遍现象、一个世界性问题。

1. 国家公园管理与原住民传统权利延续的冲突

在全球范围内，大概有50%的国家公园和保护区位于原住民的土地之上[1]。各地国家公园发展的早期阶段，大都遵循"排除人为干预"的思维模

---

[1] 沈兴菊，Ray Huang. 国家、民族、社区——美国国家公园建设的经验及教训. 民族学刊，2018（2）.

式和"自上而下"的决策模式来运作，将原住民排除在国家公园经营之外。社区生计依赖性强的大量土地及自然资源被划入国家公园范畴，并进行严格的生态保护，严重影响了原住民的既有生活方式。国家公园管理与原住民传统权利延续常常发生激烈的冲突。世界国家公园的早期建设史在某种程度上也可以说是一段原住民为权利而战的斗争史。

19 世纪中后期，为了保护壮丽的自然风景，美国掀起了声势浩大的国家公园运动，黄石、约塞米蒂、冰川等国家公园应运而生。千百年来在此繁衍生息的印第安人直接消耗自然资源的传统狩猎和采集的生产生活方式对公园管理构成严峻挑战，他们被视为野蛮人、国家公园的破坏者，占有土地的合法性遭到拒绝承认，被驱逐进狭小的保留地。由于生存受到威胁，印第安人不得不重操旧业，沿袭传统狩猎活动。1877 年黄石公园与肖尼族之间发生暴力冲突，有多达 300 人遇难。1888 年 5 月，黄石公园采取发放许可证的办法来限制印第安人离开保留地。1896 年，最高法院作出关于"华尔德诉雷斯·霍斯"案的终审判决，全然不顾印第安人的抗议，宣告了他们在包括黄石公园在内所有公共土地上狩猎权的终结[1]。印第安人利用自然资源、维持自身生存的权利没有得到基本的尊重和维护。

加拿大印第安人的命运与美国印第安人类似。班夫国家公园成立之初，公园内土著民族被保留了狩猎权，但时间不长，随着公园内野牛等动物数量的减少，在运动狩猎主义者的强烈呼吁下，1893 年，政府决定将《狩猎法》扩展到加拿大西部 40 多个印第安族群，剥夺土著居民在公园内狩猎的权利，并把他们赶出省立和市立公园。在运动狩猎主义者看来，印第安人对野生动物的猎杀大大超出了法律的限制，并且不分年龄和雄雌，应对野生动物数量的下降负有主要责任；任何人，包括土著民族，也没有权利通过狩猎的方式维持生存。19 世纪末 20 世纪初，土著印第安人被迫迁出班夫国家公园。今天来看，虽然土著居民的迁移政策降低了公园生物多样性受到的威胁，但受迁移政策影响，土著民族关于北美国家公园许多有价值的环境观念也已然丢失[2]。

---

[1] 高科.美国国家公园建构与印第安人命运变迁——以黄石国家公园为中心（1872—1930）[J].世界历史，2016（2）.

[2] 西奥多·宾尼玛，梅拉妮·涅米，李鸿美."让改变从现在开始"：荒野、资源保护与加拿大班夫国家公园土著迁移政策[J].鄱阳湖学刊，2016（5）.

受美国黄石公园所谓"无人公园"影响，我国台湾地区国家公园建设中，也曾对公园原住民活动基本全面禁止，引发了原住民激烈抗争。玉山国家公园内布依族因生存和传承文化的权利被剥夺而强烈要求修改国家公园法，归还狩猎权。因捕鱼、矿物采集、植物采集与狩猎、畜牧行为被禁，经济收入下降，1988—2016年间，原住民与太鲁阁国家公园之间纷争事件多达20次。1985年设立兰屿国家公园的提议、1988年建立能丹国家公园的提议，也都因为原住民的反对而未能落地。

2. 国家公园游憩活动与社区居民生活秩序的冲突

为公众提供游憩场所是欧美国家建设国家公园的初衷。游憩活动的开展一定程度上改善了公园社区居民的经济状况，但游客规模的不断增长，也给当地社区居民正常的生活秩序、居住环境、文化信仰带来了冲击，进而引发居民不满、甚至与公园的对抗行为。

在肯尼亚，安波沙堤国家公园设立前，野生动物出没以及游客行为给居住在此的马赛人增加了诸多生产、生活上的困扰，他们对旅游发展怀有不满情绪。20世纪60年代后，安波沙堤国家公园的设立激化了公园内本就对旅游发展颇有微词的马赛人与政府之间的矛盾。1971年，中央政府让马赛人迁出此区域并另觅水源的强硬行为更是激怒了马赛人，他们大肆猎杀草原上的犀牛、狮子、印度豹、大象等动物，以示强烈的不满和抗议。

21世纪之初，美国锡安国家公园——一个6英里（9.656千米）长的峡谷，在旅游高峰时，横穿公园所在地史普林戴尔小镇的主要公路上挤满了汽车，因交通拥堵和空气污染，当地居民产生不满、排斥情绪，以致出现了邻避症候群（"NIMBY"），对公园的一切开发行为都持否定态度，不赞成开发建设行为[1]。

在英国湖区国家公园，优质的自然环境和人文环境吸引了很多人前来购买用于度假的第2套住房，引起房价上涨[2]。高昂的房价又推高了当地居民生活和工作成本，成为社区可持续发展的一个管理难点。

而在澳大利亚乌鲁鲁-卡塔丘塔国家公园，红色巨岩乌鲁鲁被当地阿南古人视为圣地、一块不容侵犯的圣石。除了举行成年仪式或祭祀活动外，他们不希望人们随意攀登，无法接受自己的信仰被踩在脚下。1985年，土著

[1] 高燕，邓毅，张浩等.境外国家公园社区管理冲突：表现、溯源及启[J].旅游学刊，2017（1）.
[2] 张立.英国国家公园法律制度及对三江源国家公园试点的启示[J].青海社会科学，2016（2）.

人收回土地所有权后，一直呼吁人们遵从当地文化传统，但乌鲁鲁在政府管理之下，原住民虽然不满却没有办法阻止游客攀登，只好以立标语等方式做一种软性的劝导。2017 年，当地政府经过权衡最终决定 2019 年 10 月 26 日起对游客实施禁爬令，违者将面临重罚。世界遗产乌鲁鲁巨石向游客永久关闭，无疑会影响游客旅游体验。

图 2-1　澳大利亚乌鲁鲁——卡塔丘塔国家公园

3. 国家公园建设与土地私有性的冲突

土地问题是国外众多国家公园社区管理问题中最为棘手的[1]。土地的私有性大大增加了国家公园建设和管理的难度。

"国家公园应属于国家所有，至少由国家统一管理，在严格的保护下可以开展公众娱乐"[2] 是 IUCN 提出的国家公园两个基本条件之一。但英国土地高度私有化，在私人拥有的土地上，普通民众无法随意进入或穿行。20 世纪 30 年代初期，如果有人未经允许，私自进入北方松鸡沼泽地，发现后有可能会被关进监狱。为了让民众获得进入乡村的权力，英国在 1949 年通过了《国家公园与乡村进入法》，规定将拥有特殊自然风景或大量动植物生活栖息的地区划定为国家公园，这标志着英国国家公园制度的正式确立。20 世纪 50 年代，英格兰和威尔士相继建立起 10 个国家公园。而在苏格兰，尽管有关国家公园的思想也很强烈，但国家公园的建立却遭到土地所有者的强

[1] 李正欢，蔡依良，段佳会. 利益冲突、制度安排与管理成效：基于 QCA 的国外国家公园社区管理研究 [J]. 旅游科学，2019（12）.

[2] 唐芳林. 国家公园理论与实践 [M]. 北京：中国林业出版社，2018.

力反对。1947年，拉姆齐报告提议在苏格兰设立五个国家公园（当时称为"国家公园直属区"），没有被法律确认。直到1980年苏格兰才公布了40处"国家风景区"，以别于"国家公园直属区"。

土地的私有性也曾使美国大提顿国家公园范围划定费尽周折。由于牧场主担心损害羊群放牧权，公园边界扩大的提议屡次遭到当地杰克逊霍尔居民激烈反对。最终还是环保人士小约翰·戴维森·洛克菲勒购买了141.6平方千米的土地产权捐献给国家公园管理局，才换来公园边界的扩展[1]。

在日本，由于土地私有制，国家公园往往由政府与私人合作建设。通常政府负责基础性建设，如道路、停车场、厕所等，私人投资建设客房和交通设施等可收费项目。因为私人投资建设常常不受政府控制，在国家公园早期建设中，还出现了公园"特别保护区"等区域被迫避开私人所有地区的事例。

（二）社区冲突的有效协调机制

国家公园与社区的冲突，损害了原住民利益，也给国家公园发展带来了阻力。后来，随着自然保育观念的变化，加之土著民族的抗争，很多国家和地区开始从矛盾的焦点出发，积极探索国家公园与社区的协调发展，取得了良好成效，积累了大量经验。

1. 原住民权利法律化

在土著民族的长期抗争下，各国国家公园社区管理理念逐渐发生变化，从忽视甚至排除原住民向保护原住民权益转变，并通过加强立法工作来保障。将原住民的权利法律化，成为避免国家公园与原住民矛盾的最本质做法。

美国政府20世纪70年代开始制定出台法律，逐步承认印第安人的传统权利，他们的狩猎、捕鱼、采集等权利在部分国家公园重新被认可。1971年，美国颁布《阿拉斯加土著土地赔偿安置法》，承认原住民的土地所有权。1980年，通过《阿拉斯加国家利益土地保护法》，1981年在新成立的迪纳利国家公园扩展区域内，承认原住民的居住和生存方式。1994年，颁布《部落自治法》，允许部落向国家公园管理局申请让渡国家公园的管理权[2]。这一系列维护原住民基本生存权、恢复传统生活方式的法律让印第安人真正回归了国家公园。

[1] 高燕，邓毅，张浩等.境外国家公园社区管理冲突：表现、溯源及启示[J].旅游学刊，2017（1）.
[2] 薛云丽.国家公园建设中原住居民权利保护研究[D].兰州：兰州理工大学，2020.

2. 社区参与国家公园管理

社区参与国家公园管理可以增强社区话语权，最大程度保障居民利益；社区参与管理也可增强国家公园管理机构与社区居民之间信息沟通，提高社区对公园的信任和信心，保障公园政策的顺利执行。总之，社区参与有利于实现国家公园与社区发展的双赢，境外国家公园管理中广泛采用。

澳大利亚联邦政府管理的公园，基于原住民和国家公园的土地租约关系大多实行"联合管理"模式，即由国家公园局局长和土地所有者代表组成公园管理委员会，共同管理国家公园。公园管理委员会中土著居民的人数和职位由法律作出了明确规定。比如，卡卡杜国家公园委员会，15 名管理者中原住民占有 11 个席位，乌鲁鲁 – 卡塔曲塔国家公园、波特里国家公园管理委员会，10 个管理者中原住民占有 6 个席位，这三个公园的最高管理者都是原住民，具有一票否决权[1]。这种管理模式有效平衡了原住民的利益和国家公园发展。

英国国家公园土地权属多元化，所有者众多，不仅包括当地农民，还有国家信托、军队、国家公园管理局等，绝大部分土地属私人所有。单靠国家权力过度干预只能激化矛盾，所以，主要采取"合作伙伴"管理模式，由国家公园管理局主导，组织其他政府部门、NGO 组织、社区、企业和土地所有者等共同管理。为了兼顾国家公园保护和社区居民利益，英国每一个国家公园的建立都必须经过公众听证这一环节，都以吸引当地社区居民参与作为管理的基础[2]。社区参与主要从公园管理局人员构成、管理规划参与等方面体现出来：公园管理局成员必须有当地社区代表，国家公园内拥有土地的各机构可以至少任命一个；当地社区通过进行地方规划咨询、帮助制定规划政策、制定自己的社区计划、参与规划申请等方式参与到国家公园规划中来；社区居民介入公园巡护、保护宣传、户外监测等管理活动。1968 年《城镇和乡村规划法》、1972 年《地方政府法》、2011 年《地方主义法案》等一系列法律为社区参与国家公园事务提供了有效保障。广泛深入的社区参与使英国国家公园获得了当地社区的理解和支持。

我国台湾地区太鲁阁国家公园，为改善与原住民之间的关系，1995 年开始改变以往"自上而下"的管理模式，尝试建立共管机制。由于受国家公

---

[1] 张天宇，乌恩 . 澳大利亚国家公园管理及启示 [J]. 林业经济，2019（8）.

[2] 张立 . 英国国家公园法律制度及对三江源国家公园试点的启示 [J]. 青海社会科学，2016（2）.

园理论变化的影响，对原住民活动的认识发生了变化，太鲁阁公园管理处1995年主动开展实地调研、了解原住民文化，进行单向沟通，继而在2001年建立"太鲁阁国家公园原住民文化发展咨询委员会"，邀请原住民精英分子担任委员会委员，进行双向沟通协商和文化共管，2010年，又按照《原住民地区资源共同管理办法》提出的设置专门资源管理机关要求，将"文化发展咨询委员会"升级为"太鲁阁国家公园原住民族地区资源共同管理会"，共管范围推广到所有原住民相关领域。太鲁阁国家公园以最初的文化沟通咨询为切入点，经过十多年的努力，终于建立起全方位共管平台，建设理念从"单方控制"逐步发展到"共赢共治"模式[1]。此后，原住民与公园管理处之间的纷争冲突事件大大减少，矛盾得到有效缓解。

美国阿拉斯加国家公园在20世纪70年代开始采取共管模式，由公园管理局和阿拉斯加州政府、地方社区共同制定和实施管理规划，成为美国国家公园与原住民合作管理的典范[2]。菲律宾伊格里特-巴科（Mts.Iglit-Baco）国家公园从法律保障、政策制定、日常管理等方面巩固社区居民的地位，也是社区参与管理的典范。

3. 合理的利益补偿

在保护国家公园生态环境及生物多样性的前提下，能否让社区居民获得合理的收益决定了社区居民对国家公园的态度。研究表明，为了缓和社区冲突，获得社区居民的支持，很多国家运用公园收益分配政策、特许经营权社区倾斜、地役权制度、为原住民创造就业机会等手段，提高社区居民从公园保护中获得收益，收到了良好效果。

1979年，澳大利亚政府把卡卡杜国家公园土地所有权交还给原住民，但同时又要求他们将自己的土地出租给政府，由政府来管理。协议签订后卡卡杜社区原住民一次性获得15万澳元的租金，同时还获得每年国家公园经营收入25%的持续性补偿；公园对土著居民免票，门票收入大部分用于公共环境保护，部分返还给原住民土地所有者。此外，还通过雇佣、培训原住民以及特许经营等方式，让原住民分享公园保护和发展成果。这种共享公园收益的方式有效减少了国家公园建设同社区的矛盾，推动了卡卡杜国家公园建设的顺利开展。

[1] 李卅、张玉钧.台湾地区太鲁阁国家公园与原住民关系协调机制研究[J].中国城市林业，2017（6）.
[2] 廖凌云、杨锐.美国国家公园与原住民的关系发展脉络[J].园林，2017（2）.

20 世纪 70 年代，肯尼亚政府为了安抚马赛人，顺利建立安波沙堤国家公园，不但为原住民在邻近湖泊兴建取水和引水设施，拿出部分门票收入用于国家公园的管理与发展，聘用当地居民从事公园内的管理工作，还许诺从 3750 万美元的世界银行援助资金中拿出 600 万美元用于安波沙堤国家公园社区建设。推进和改善了当地村落的学校、道路等公共基础建设。此外，作为对当地民众在禁猎野生动物方面达成共识的回报，政府还回馈给当地居民 27 万美元，高额的经济收益让马赛人开始自觉致力于保护野生动物[1]。政府与当地居民不再是剑拔弩张，国家公园与社区终于得以和谐共处。

二、国家公园与游客

为公众提供游憩机会是欧美等发达国家建立国家公园的初衷。但游憩目标的实现与公园资源环境保护之间常常产生矛盾。这主要源自最重要的利益相关者——游客单方面关注游憩权利的行使并追求旅游经济效益。这里所说的经济效益是指旅游者在一定的旅游成本投入之后，所得到身体的、情感的、心灵的和智力的体验，包括：自然风景的视觉享受，深层次的文化体验，公园地质地貌、人文历史、生物资源相关知识的获取等。在国家公园 100 多年的实践中，欧美等发达国家和地区不断探索，建立起了兼具改善游客体验和保护自然空间双重目标的、完善的游客管理制度，科学调处不断增长的民众游憩需求与国家公园环境保护之间的矛盾。

（一）游憩活动对国家公园的冲击

大规模的游憩活动和缺乏自然生态科学意识的游憩开发、资源管理行为导致生态严重破坏。不能平衡环境资源保护和游憩双重使命，是世界上最早设立的一批国家公园曾经遇到的共同问题，教训十分深刻。

1. 公益性原则下过量游客对国家公园的冲击

英、美等国最初建立国家公园以满足公众游憩需求为目的，并通过"公益性"规定赋予了广大民众游憩权。二战后，随着交通及汽车工业的发展，休闲时间的增加，国家公园游客接待量呈现不断增长的态势，尤其是一些知名度较高的国家公园。加拿大班夫国家公园 1950—1995 年间，游客数量

[1] 李聪.秦岭自然保护区社区生态旅游开发研究 [D].西安：西安科技大学，2009 年.

平均每年以 5.46% 的增长率上升，年接待游客数量在 500 万人以上 [1]。美国科罗拉多大峡谷，1980 年接待约 230 万人次，2002 年增长到 400 万人次，2016 年达到 600 万人次。约塞米蒂国家公园，1954 年的游客人数突破 100 万，1995 年超过 400 万 [2]。很多公园游客量大大超出了自身的承载力，资源环境遭受现代文明的侵扰与破坏。旅游旺季时，游客大规模地集中涌入，导致国家公园出现了交通拥挤、空气恶劣等问题，公园资源和设施设备承受着极大的压力。有些国家公园，大量人迹的干扰也威胁到动物及其栖息地，公园内动物种群被迫迁移到别处，一些物种面临消亡的厄运，原有生态平衡被打破。另外，大规模游客也带来了公园管理成本的上升，并影响到游客体验质量。

2. 基于游客需求的过度旅游开发对国家公园的冲击

国家公园发展的早期，旅游开发是管理政策的中心。虽然也强调保护自然的重要性，但因为政策制定者缺乏足够的生态科学意识，他们所倡导的"完好无损"的保护并非今天生态学意义上自然环境的完整性和原初性。因此，出现了违背生态原则的开发行为，带来了严重的生态危害。

20 世纪早期，加拿大班夫国家公园（Banff National Park）鼓励游钓，为了满足游钓需求，1901 年到 1905 年开始大量放养非本地的鱼类，灭杀本地鱼类，其结果，几个本地鱼类种群被消灭或遭到破坏，自然无鱼的小型高山湖泊的无脊椎动物种群减少，大型浮游动物品种消失，有些种群 40 年后也没有恢复。

美国黄石公园在发展初期为迎合游客需求，也有过类似举动，比如：引进非本地的鱼种、树木供游客捕捞、欣赏，猎杀狼、熊、美洲狮等大型肉食性动物，人工饲养野牛、麋鹿和其他观赏性食草动物，造成公园中狼和美洲狮几乎灭绝，生态系统紊乱。

为了保障民众游憩对公园基础服务设施的需要，1955 年美国公园管理局还推出了"66 计划"，对国家公园进行全面系统的改造。其间建起了很多城市型豪华型设施，虽然提高了游客的舒适度，但破坏了公园内视觉完整性和自然原野状态。有些基础设施更新升级还埋下了环境隐患。比如在黄石

[1] DRAPER DIANNE，高启晨 . 走向可持续山地社区：在加拿大班夫和班夫国家公园保持旅游开发和环境保护平衡 [J]. 人类环境杂志，2000（7）.

[2] 王连勇，王爱萍 . 在游客服务和资源保护之间寻求最佳平衡——约塞米蒂国家公园可持续旅游规划与管理 [C]. 第一届国际花岗岩地质地貌研讨会交流文集，2006 年 .

公园，管理局出资修缮钓鱼桥，破坏了动物栖息地，导致后来大鳟鱼数量锐减，最终濒临灭绝。

（二）协调保护与游憩的游客管理机制

"游客管理"是影响国家公园环境品质的根本对策[1]。面对公园内游憩活动带来的各种冲击和挑战，发达国家纷纷探索制定符合本国国情特色的游客管理政策，建立起了包括游客容量管理、游客行为管理、游客体验管理、游客冲击管理等完善的游客管理体系，力求在不降低公园资源环境质量的前提下，最大限度满足游客需求，提供高质量的旅游体验，达到国家公园的游憩功能和自然生态系统完整的双赢。

1. 分区规划管理

分区政策是根据生态系统的完整性、资源价值等级、游客可利用程度等指标将公园管理区域划分为不同的地区,每块分区代表一种不同的土地使用、游憩机会、生态环境和管理活动，以促进环境友好型游憩发展。

从美国各个国家公园总体管理计划来看，都划分游客活动区域与严格保护的荒野区域，且游客活动区域在公园中只占很小的比例。如优胜美地国家公园，近95%的区域被划为荒野区域，剩余约3%是文化区域，约2%被确定为公园可开发区域，不到0.5%作为特殊用途区域[2]。

加拿大在空间上将每个公园划分为5类，分别是特别保护区、荒野区、自然环境、户外游憩区和公园服务区[3]，旅游基础设施建设只能在后三类区域，特别保护区严禁修建游憩设施，严禁机动车进入。

日本国立公园根据风景品质，海域部分分为海中公园地区和普通区域两类；陆地部分包括特别地域、普通区域2大类，其中，特别地域（最核心保护区）又分为特别保护地区、一类保护区、二类保护区、三类保护区4级。[4]特别保护地区、一类保护区实施最严格的保护措施，学术研究以外的其他各类活动都不允许进行。

依据公园内部资源稀缺程度、保护特色和可否有人类活动等因素，德国

---

[1] 曹霞，吴承照.国外旅游目的地游客管理研究进展[J].北京第二外国语学院学报，2006（1）.

[2] 倪东.自然保护地社区管理法律问题研究[D].保定：河北大学，2020.

[3] 李霞.美国、加拿大等国家公园游客管理体系及启示[DB/OL].道客巴巴，2018-06-19.

[4] 许浩.日本国立公园发展、体系与特点[J].世界林业研究，2013，06（24）.

从空间上将国家公园划分为核心区、限制利用区和外围保护区三类。核心区实行最高等级的保护，禁止一切人类活动，以保护公园内丰富的自然文化资源；限制利用区域内允许与公园相适应的保护利用活动，会有服务场所或者服务设施等；外围防护区面积很小，其保护也最为宽松。

我国台湾地区"公园法"进行了界定，将国家公园分为一般管制区、游憩区、史迹保护区、特别景观区、生态保护区 5 类区域[1]。

南非在国家公园管理规划中，按照旅客的需求将国家公园划分为偏远核心区、偏远区、安静区、低强度休闲利用区、高强度休闲区[2]，指导和协调生物多样性保护、游客体验活动，以及降低这些对立活动之间的冲突。

2. 游客容量控制

任何国家公园的资源环境都无法承受游客无限增长。为了避免超量游客对国家公园资源环境造成不可挽回的破坏，游客容量管理变得十分必要。

一是游客数量直接控制。美国国家公园严格控制游客数量和环境容量，使游客量尽量低于环境容量。其实现途径——公园管理人员确定公园游客接待能力，进而将公园利用活动保持在接待能力之内。我国台湾部分国家公园实行预约制度，对入园游客实行容量控制，同时指定游览线路和逗留时间，尽量减少对自然的压力和破坏。为了生态系统的可持续性，2002 年，日本通过《自然公园法》修正案，在国家公园中设置利用调控区，并制定利用闲置规划，限定利用者人数上限、驻留天数上限[3]。吉野熊野国立公园的大台原地区被指定为利用调控地区后，每日利用者人数上限设定为 100 人，团体利用者人数上限设定为 10 人[4]。波兰的国家公园由环境部长制定保护计划，根据公园地点的特殊性、进入方式和共享的目的明确访问者限制。2011—2012 年，戈尔塞国家公园规定，教育路径：每千米每天 35 人；旅游路径：每千米每天 35 人；自行车道：在 1 千米处骑自行车的人 3 名；骑马步道：在 2 千米上有 3 位骑手；露营地：在 Ober ó wka 一晚上 55 人，Trusi ó wka（2010年）一晚上 20 人；下坡滑雪：1 小时 900 人[5]。

[1] 陈璐，周剑云，庞晓媚.我国台湾地区"国土"空间分区管制的经验借鉴[J].南方建筑，2021，06（14）.

[2] 王梦君，唐芳林，张天星.国家公园功能分区区划指标体系初探[J].林业建设，2017，04（07）.

[3] 张玉钧，张婧雅.日本国家公园发展经验及其相关启示[N].DOC88.COM，2016-4-20.

[4] 许浩.日本国立公园发展、体系与特点[J].世界林业研究，2013（6）.

[5] 贺娜.波兰国家公园发展对中国国家公园体制建设的启示[D].重庆：西南大学，2019.

二是开展游客疏导。为了避免公园内游客过度聚集带来的环境问题、降低游客体验，各国采取了很多措施，如路网系统建设、加强交通管理等。英国达特穆尔国家公园的主要"可进入土地"周边公众道路密集，分布着467条步道、271条马道和28条车道，多样化的体验路线与原有路网相连接形成了庞大的游憩路网系统。公园管理局就是通过提供并鼓励民众选择多样的线路去体验，从而达到平衡和消减公园内游客压力的目的[1]。美国为解决公园内的交通拥堵问题，推出《综合交通解决方案》，在优胜美地国家公园实行单向交通模式，在大峡谷国家公园、锡安（ Zion NationalPark ） 和马里波萨格罗夫（ Mariposa Grove National Park ） 提供穿梭巴士服务[2]，都取得了不错的效果。德国国家公园也通过为游客提供多样化的游览方式、种类丰富的游览服务，分散、疏导游客，来降低因游客数量过多引起事故发生的概率。

三是实行门票季节性差异定价。与大部分旅游服务设施一样，国家公园也根据旅游淡旺季实行季节性浮动价格（商业团队的个人票价除外），调节游客数量。2017 年 10 月，美国国家公园管理局在 17 个国家公园的旺季提高门票价格：旺季非商业私人用车 70 美元 / 辆，摩托车 50 美元 / 辆，自行车及步行 30 美元 / 人。分别上浮了 229%、183% 和 114%，力度非常大。加拿大 35 个收费国家公园中有 7 个公园采用门票淡旺季差异定价策略, 成年人、老年人、家庭票三类票种淡旺季价格浮动在 20%~100% 之间。其中，涨幅 20% 左右的公园 1 个，涨幅 30% 左右的公园 3 个，涨幅 100% 左右的公园 3 个[3]。相比美国，加拿大国家公园的旺季门票涨幅要小得多。这似乎从某种程度上反映出美国国家公园旺季游客压力要比加拿大高得多。

3. 游客行为管理

实施游客行为管理，就是利用法律、科技、行政等手段对游客行为进行规范、组织和引导，最大限度地减少游憩活动对自然环境的影响，提高游客体验质量。

（1）直接行为规范。法律是市场经济国家治理的重要工具，依靠完善的法律法规体系对游客行为加以规范是西方国家公园管理的主要途径。20世纪 60 年代以来，美国生态环境保护意识提升，环境保护理念及协调发展

[1] 董禹，陈晓超，董慰.英国国家公园保护与游憩协调机制和对策[J].规划师，2019，07（17）.

[2] 李霞.美国、加拿大等国家公园游客管理体系及启示[DB/OL].道客巴巴，2018-06-19.

[3] 陈朋，张朝枝.国家公园门票定价：国际比较与分析[J].资源科学，2018（12）.

的想法被大众认可，并通过立法的形式确认下来，《水土保持法》《公路美化法》《国家环境政策法》等相继出台，逐渐形成了以基本法为核心的国家公园法律规范体系，规定了禁止项目以及对公共使用的限制等内容，建立起完整细致的游客行为规范。澳大利亚面对国家公园环境问题推出最小丛林影响准则（BWA），要求大多数丛林徒步者在大自然中旅行，要做到提前计划、正确处理废物、尊重野生动物、在耐用不易破坏的地面上露营、最大限度地减少篝火影响、不打扰他人[1]。

（2）实施环境监测。20 世纪 70 年代末，随着环境保护压力的剧增，监测被应用到保护地管理之中，以帮助管理者了解国家公园状态，作出科学决策。世界自然保护联盟 2003 年发布的《保护地管理规划指南》、英国 2005 年发布的《国家公园管理规划导则》、加拿大 2008 年发布的《（国家公园）管理规划指南》等文件均将监测规划纳入其中。在国家公园管理实践中，美、加、英、澳诸国开发出一系列环境监测技术，用于游客管理和行为引导，如游客影响管理（VIM）、游客活动管理程序（VAMP）、游客体验和资源保护（VERP）、最优化旅游管理模型（TOMN）等。近年来，更是利用互联网技术于国家公园游客行为监测。澳大利亚昆士兰国家公园运用红外传感器和数码相机技术记录游客利用模式；维多利亚国家公园则引入基于游客的环境监测系统（TBEMsystem），鼓励游客运用网络照相记录其对参观公园的环境关怀和管理参与，充分激发游客参与国家公园环境保护的主观能动性[2]。也有的国家公园开展"播客旅游"（podcast tours）活动，增加游客社会存在感，增强游客环境责任感。

4. 解说与教育机制

解说和教育通常被称为游客软管理。良好的公园解说与教育服务，可为游客提供有意义的学习和娱乐体验以及旅游享受，在提高游客游憩满意度的同时，增强人们的生态环保意识，达到保护国家公园资源目的。虽然各国都建立了国家公园解说与教育体系，但由于资源禀赋与发展水平上的差异，各国国家公园管理当局环境教育观念及其行动不尽相同。

解说与教育服务是美国国家公园管理局实现"保护公园资源"和"提供

[1] 李霞.美国、加拿大等国家公园游客管理体系及启示[J].福建林业科技，2020（3）.
[2] 宋立中，卢雨，严国荣，张伟贤.欧美国家公园游憩利用与生态保育协调机制研究及启示[J].福建论坛：人文社会科学版，2017-10-01.

公众享受与游客体验"双重目标的重要战略举措[1]，经过多年的探索和多方努力，20世纪80年代以来趋于完善。美国国家公园解说服务适用于所有年龄段的游客，但公园内设置的教育项目主要针对青少年，有目的、有规划、有规范，已成为国家公园管理体系的重要组成部分，也是其他国家效仿的重要内容。美国国家公园解说与教育服务的主要特点：一是统一规划。国家公园管理局认为解说与教育必须严格规划，不能毫无章法地进行。规划工作由国家公园管理局下设的丹佛规划中心负责，公园管理局下设的哈珀斯·费里规划中心（Harpers Ferry Center）为所有国家公园的解说与教育服务进行策划，并为每一个国家公园编制属于其自己的解说与教育规划。解说与教育服务具体实施过程中，哈珀斯·费里规划中心往往要与丹佛规划设计中心、建筑和工程公司以及公园管理者合作和协商，并定期听取公园内工作人员或游客有关解说与教育服务的建议、评价，以便改进解说与教育规划。专业的规划机构再加上"规划制定—规划执行跟踪—意见反馈—完善规划"专业的规划流程，保证了公园解说与教育服务的科学性、可行性。二是有专业化的解说与教育人员队伍。为了给每一位游客提供可理解的、有价值的服务项目，帮助他们认识到国家公园存在的真正意义，美国规定公园内的每一位工作人员都有为游客进行专业解说的责任，包括华盛顿总部和区域执行董事，公园管理者和首席解说员，现场专业解说员和非专业解说员工，合作伙伴、志愿者和专家学者等[2]。这些人员都必须达到国家公园管理局专业规定标准：在编工作人员要获得人员与非人员解说服务的资格认证；季节性的解说员、志愿者和学者专家要接受专业培训；景区的解说员需持有 The Eppley Institute Learning Platform 平台发放的高级证书。大量专业化的解说与教育人员配置为游客提供了高质量的解说与教育服务。

相较于美国国家公园解说和教育服务的垄断式供给，建立在复杂的土地私有制基础上的英国国家公园因由国家公园管理局与公园内其他土地所有者共同合作保护当地景观，公园解说教育服务组织者呈现多元化特点：国家公园游客中心提供环境教育相关解说服务；国家公园管理局、公园内致力于保护自然生态和文化遗产的非政府组织，如国家信托组织、英国皇家鸟类保护

[1] 张佳琛．美国国家公园的解说与教育服务研究 [D]．大连：辽宁师范大学，2017.

[2] 王辉，张佳琛，刘小宇，等．美国国家公园的解说与教育服务研究——以西奥多·罗斯福国家公园为例 [J]．旅游学刊，2016（5）.

协会、英国田野学习协会、国家地理协会、英国乡村保护委员会等相关组织，各自依托公园优质的资源（水系、农场、历史建筑等）独立开展一系列丰富多彩的环境教育活动。比如，在埃克穆尔国家公园，国家信托组织主要依托海岸线开展丰富的考察和认知活动，田野协会则设立环境教育中心，依托历史建筑提供相关环境教育课程[1]。环境教育理念和实践在国家公园体系中构成了深远、广泛的影响。

环境教育也是日本国家公园管理中的重要内容。其在有关国家公园管理的法律中规定了具体的环境教育的原则、计划与措施，也特别注重青少年的环境生态教育[2]，以此来增强国民环保意识。日本的国家公园里都设立了访客中心等环境教育设施，为公众提供自然教育。

5. 以人为本的旅游设施和旅游产品

民众是生态资源环境和文化保护的重要主体，只有关注旅游者的感受，使旅游者获得高质量的旅游体验，才能激发众人对国家公园的保护意识，才有可能实现最大限度保护。发达国家都十分重视游客体验，在国家公园内提供适宜的旅游基础设施和旅游服务产品是普遍的做法。

无论从旅游规划还是旅游实际操作来看，新西兰都是非常注重游客体验的。每一个国家公园的旅游产品都基于游客体验的角度精心设计。亚伯塔斯曼国家公园内分三区域开发与设计，既体现出公园内不同区域特色，又保持大自然的本色。海岸步行道，让游客在步行中感受大自然；公园内部，向游客展示未开发状态的自然环境；近海岛屿，游客可以与清澈的海水近距离接触[3]。在这里，游客真正回归大自然，充分融入并享受大自然。

尽管每年的国际游客规模较大，新西兰国家公园客源定位仍是本国国内收入水平一般的普通家庭，而不是富有的国际游客。公园管理部门鼓励以煤渣块为建材，建设有卫生间等基本设施的宿营地，而不是豪华的酒店。所以，公园内的野外活动服务设施非常简单，仅是民间徒步背包客俱乐部或政府修建的简便木屋供游客休憩过夜[4]。这种做法让本国普通民众游憩需求也能得到满足，保障了本国大多数民众的游憩权。

---

[1] 袁园，钱静英. 英国国家公园的环境教育及对我国的启示 [J]. 房地产导刊，2018（29）.

[2] 孙政磊. 国家公园管理法律制度研究 [D]. 保定：河北大学，2018.

[3] 罗勇兵，王连勇. 国外国家公园建设与管理对中国国家公园的启示——以新西兰亚伯塔斯曼国家公园为例 [J]. 管理观察，2009（6）.

[4] 李霞. 美国、加拿大等国家公园游客管理体系及启示 [J]. 福建林业科技，2020（3）.

三、国家公园与经营主体

西方国家公园普遍实行特许经营制度，经过100多年的探索和不断完善，特许方的权力滥用和特许经营者的垄断经营等问题得以有效解决，特许经营制度逐步走向成熟。

（一）国家公园特许经营制度

国家公园特许经营制度是市场机制和行政监管相结合的一种特殊机制，由国家公园管理机构通过竞争方式优选受许人，依法授权其在公园内开展规定期限、性质、范围和数量的非资源消耗性经营活动。它是百年来各国国家公园经营与管理分离的普遍性制度选择，表现为租赁、许可证、许可、同意、特许权、地役权等多种形式。

国家公园特许经营制度的主体一般包括政府管理主体、特许经营者、第三方监督主体、本地居民等。政府管理主体，即中央和地方国家公园管理机构。其中，中央公园管理机构负责制定特许经营相关制度，监督地方公园管理机构和特许经营者；地方公园管理机构负责特许经营权的授予，并依法对公园内特许经营活动进行管理、考核和评估，收取和管理特许经营费。特许经营者，即特许经营权的受许方，它可以是企业、组织或个人，需要缴纳一定费用来维持特许经营活动，并受公园管理机构的监管。第三方监督主体，负责特许经营活动合理性、必要性以及潜在环境影响等评估，定期向公园管理机构提供有关评估报告和建议。

国家公园实施特许经营制度有两大主要目的：一是促进国家公园资源的合理开发，为游客提供更高质量的游憩服务、设施及旅游项目，推动公园的可持续健康发展；二是强调资源的有偿利用，拓展融资渠道，承担国家公园的部分运营成本，减轻财政负担。

（二）国家公园特许经营积极性与竞争性、规范性的矛盾

特许经营制度是国家公园采用的主要经营管理工具。把旅游者需要却不在国家公园法定职责范围之内的餐饮、住宿、旅游项目等通过特许经营的方式交给私营企业运营，更有利于提高国家公园的运营管理效率。但由于早期制度的不完善，在运行中也出现了特许方权力的放任和受许方垄断经营等问

题，使特许经营活动偏离了制度设立的初衷。

1. 特许方权力放任与特许经营项目泛化

国家公园特许经营担负着提高公园公共服务产品质量、效率以及弥补部分经营成本的双重使命。如果特许经营制度不完善，特许方（国家公园管理机构）权力放任会导致特许经营项目的泛化以及数量超过生态和社会承载量，从而影响游客体验和生态安全。在东南亚、非洲一些发展中国家，由于将特许经营作为维系国家公园运转的主要收入来源，而出现了经营项目的泛化，造成生态环境的破坏。在欧美国家，20 世纪 90 年代末期以来特许经营收入留园制度的创新，提高了地方公园管理机构的积极性，但同时也伴生了经营项目的快速膨胀，增加了资金管理、审计、监督等工作的难度，成为特许经营管理制度锁定在低效阶段的主要因素[1]。

2. 不完全竞争与特许项目垄断经营

国家公园开展特许经营，一大目标就是通过竞争性程序确定公园商业项目的经营权，提高公共服务的供给效率。但实践中，基于保障社区利益和地方发展权利以及国家公园公益性的考虑，公园公共领域的特许经营权并非采取完全竞争的方式向社会资本开放。由于无法以简单的竞争原则确定受让主体，自然垄断问题在国家公园特许经营中不可避免[2]。美国早期的国家公园特许经营法律给予了特许经营者合同优先续约、长达 30 年的合同期限等方面的优惠政策，许多特许经营者只要愿意就能续签特许经营合同，长期经营。这种政策安排虽然调动了企业等社会主体参与国家公园经营的积极性，但也造成特许经营的低效率。一些国家公园出现了参观质量下降、设施维护不足、收费趋高等问题。

（三）特许经营制度的改革创新

国家公园属于公共产品，其特许经营制度不同于商业特许经营，必须强调公益性和社会服务最优化的制度原则[3]。既要调动特许经营者参与特许经营的积极性，又要保持经营项目的竞争性；既要调动公园管理机构开展特许

---

[1] 张海霞.国家公园为何需要特许经营制度 [N].中国智库网，2019-10-17.

[2] 张海霞，吴俊.国家公园特许经营制度变迁的多重逻辑[J].南京林业大学学报（人文社会科学版），2019（3）.

[3] 高燕，邓毅，张浩，等.境外国家公园社区管理冲突：表现、溯源及启示[J].旅游学刊，2017（1）.

经营的积极性，又要防止权力放任。基于这两大任务，发达国家不断加强制度建设，增强特许经营的竞争性和规范性，国家公园特许权经营制度逐步走向成熟。

1. 加强控制和监督

国家公园公共资源的有限性决定了其特许的授权数量和授权范围。为了克服特许方权力任性和受许方追求商业效益而对公园环境与公益性的损害，各国不断健全特许经营法律法规，建立特许经营的一系列行为规范。一是通过法律明确国家公园内部可实施特许经营的项目类别及禁止行为。1998年，美国《特许经营促进法》明确，国家公园可以开展特许经营的项目为：公共通道、公用设施或建筑、水上活动、狩猎、捕鱼、骑马、露营和登山体验，以及为访客提供安全而愉悦体验的专门户外游憩指导等[1]。澳大利亚1999年颁布的《环境保护和生物多样性保护条例》规定，特许经营包括商业旅游、商业摄影或摄像及其他商业活动。二是严格的控制和监督。美国《特许经营促进法》法案强调"必须是在严格的控制下，以防不受约束和任意地使用"。后来的《特许经营管理修正案》规定，受许人应当在营业年度结束5个工作日内，向管理部门提供与经营相关的文件、记录及其他材料。韩国《自然公园法实施令》把国家公园的特许设施列为"总统令指定设施"，特许经营行为必须经由"总统令"进行法律授权，《环境影响法》还规定，分别由环境事业团和国立公园委员会负责评估特许经营项目对国家公园环境的影响等[2]。

2. 强化竞争激励

20世纪90年代后期，美国部分国家公园特许经营项目合同到期。为了在新一轮特许经营中能够保持特许经营项目公益性的前提下体现竞争性和商业效率，政府对原有的特许经营政策进行了调整。1998年颁布的《特许经营促进法》取代了早期的《特许经营政策法》，缩小了续约优先权的适用范围，规定"收入少于50万美元的特许经营者、装备供应者和导游拥有续约的优先权"[3]，以便让更多的优质企业和居民有机会参与到公园经营中来。

---

[1] 陈朋，张朝枝.国家公园的特许经营：国际比较与借鉴[J].北京林业大学学报（社会科学版），2019（3）.

[2] 同[1]

[3] 张海霞，吴俊.国家公园特许经营制度变迁的多重逻辑[J].南京林业大学学报：人文社会科学版，2019（3）.

同时，该法案还将特许经营合同期限由 30 年减至 20 年。在新政策的影响下，美国国家公园特许经营项目的竞争环境得到改善，国家公园特许经营续签项目从 2002 年的 50% 降至 2015 年的 17%，有效维系了相对竞争性。

3. 实施分类合同管理制度

为提高特许经营管理的效率，美欧等国实行分类合同管理制度。美国《特许经营促进法》将国家公园内的商业服务分成特许经营、商业利用授权和租赁三种形式，促进制度自我强化。新西兰、加拿大根据土地性质和经营活动排他性差异，将国家公园特许经营项目分成租赁、许可证、许可、地役权。

第三章 建立白洋淀国家公园的可行性

白洋淀是华北平原上古老的、最大的浅水湖泊。淀中有淀，沟壕相连，自然地形地貌独特、动植物物种基因丰富，生态价值、景观价值、文化价值较高，有着"北地西湖""华北明珠"之誉。立足于推进生态文明建设和高质量发展的时代要求，河北省提出规划建设白洋淀国家公园的远景目标，既可实现对白洋淀的长效保护和合理利用，又能助力雄安新区持续发展，具有重大的现实意义，也极具可行性。

一、白洋淀国家公园提出的时代机遇

2018年4月，中共中央、国务院批复的《河北雄安新区规划纲要》第四章第一节"实施白洋淀生态修复"中提出：远景规划建设白洋淀国家公园。这一远景规划是建立在我国大力推进生态文明建设、自然保护地体系全面调整以及中央高标准建设雄安新区的时代机遇之上的。

（一）我国高标准建设雄安新区

2017年4月1日，中共中央、国务院发布公告，决定设立河北雄安新区。这是党中央深入推动京津冀协同发展的一项重大决策部署，是继深圳经济特区和上海浦东新区之后又一具有全国意义的新区。立足新时代，吸取以往的经验教训，党中央设立河北雄安新区，要求秉持高质量发展要求，创造"雄安质量"。志在把雄安新区建成贯彻落实新发展理念的创新发展示范区、推动高质量发展的全国样板；同时，也希望雄安新区成为生态优先、绿色发展、新时代生态文明的典范。为此，党的十九大报告提出，"高起点规划、高标准建设雄安新区。"

其实，开始谋划新区建设之初，习近平总书记就强调要坚持生态优先、绿色发展，着力建设绿色、森林、智慧、水城一体的新区。2018年2月，他来雄安新区考察规划建设工作时，又一次提出建设雄安新区要"坚持世界眼光、国际标准、中国特色、高点定位"，从而为新区建设指明了方向，提供了根本遵循。建设雄安新区是千年大计、国家大事。作为雄安新区的核心水系，白洋淀的生态修复和生态环境保护工作显得尤为重要。在这样的一个人口稠密地区，如何保障人与自然长期和谐相处呢？既要保护好白洋淀的生态环境，让白洋淀这颗"华北明珠"熠熠生辉，又要让白洋淀最大限度地服务于雄安人民、雄安新区发展，原有自然保护区理念和管理模式显然已无法跟上时代的需要，唯有进行保护地体制创新。

（二）生态文明建设成为国家战略

世界工业文明历经三百年，人类对大自然的改造利用已达到极致，地球无力再继续支撑工业文明的发展，生态环境问题接踵而至，迫切需要开创新的文明形态来延续人类的生存，那就是生态文明。

改革开放后，伴随着经济的快速发展，我国资源约束、环境污染、生态系统退化等问题日益严重，人与自然不和谐、经济发展不可持续的困扰越来越突出。党的十六大后，我国加快了生态文明的探索。2003年，党的十六届三中全会提出"全面、协调、可持续的科学发展观"这一重大战略思想。四年之后，党的十七大提出了"建设生态文明"这一顺应时代发展的重要命题。2012年，党的十八大把生态文明建设纳入中国特色社会主义事业"五位一体"总体布局，生态文明建设被提升到国家战略的新高度。这标志着我们对中国特色社会主义发展规律的认识进一步深化，表明了我们加强生态文明建设、走绿色发展之路的坚定意志和坚强决心[1]。2017年，党的十九大吹响了"加快生态文明体制改革，建设美丽中国"的冲锋号，并对改革进行了具体部署，为未来中国生态文明建设指明了方向、规划了线路。新时代的中国将坚守"绿水青山就是金山银山"的理念，坚持"节约优先、保护优先"的方针，加大生态环境保护力度，大力推进绿色生产和绿色消费，努力构建人与自然和谐发展的现代化建设新格局，像对待生命一样对待生态环境。生态文明建设这一国家战略的大力实施为白洋淀湿地保护体制改革注入了强劲动力。

（三）我国自然保护地体系进入全面调整阶段

自然保护地是我国的宝贵财富，是生态建设的核心载体。20世纪50

---

[1] 祝光耀.勇当生态文明建设的践行者[J].中国生态文明，2013，11（19）.

年代以来，我国为了保护森林、湿地等重要自然生态系统和重要自然遗产资源，先后建立了自然保护区、风景名胜区、森林公园、地质公园、海洋公园等多种保护地类型，它们在保护生物多样性、保存自然遗产、维护国家生态安全等方面发挥了重要作用。但各自然保护地交叉重叠、边界不清、产权不明晰、多头管理、保护与发展矛盾突出等问题也日益暴露出来，影响了我国自然保护事业的健康持续发展。2013 年，党的十八届三中全会提出建立国家公园体制，希望通过制度创新破解我国保护地体系长期存在的诸多发展制约。在中央的统一部署和领导下，2016 年起，我国启动了国家公园体制建设试点。三江源、东北虎豹、大熊猫、祁连山、湖北神农架、福建武夷山、浙江钱江源、湖南南山、北京长城、云南普达措和海南热带雨林 11 个试点区开始了中国特色国家公园体制的探索。次年，党的十九大召开，明确提出"建立以国家公园为主体的自然保护地体系"，充分表明了国家公园的重要地位，决心要通过建立自然生态系统保护的新体制、新机制、新模式，确保我国重要自然生态系统、自然遗迹、自然景观和生物多样性得到系统性、完整性保护。我国保护地体系由此进入全面调整阶段，未来的国家公园在维护国家生态安全关键区域中将处于首要地位，在保护最珍贵、最重要生物多样性集中分布区中处于主导地位，其保护价值和生态功能在全国自然保护地体系中将处于主体地位[1]。白洋淀湿地保护体制改革由此也找到了方向——建立国家公园。

二、建设白洋淀国家公园的重大意义

100 多年的实践证明，国家公园是世界上最成功、最理想、最先进的自然保护地理念和管理模式。建设白洋淀国家公园，符合习近平总书记"世界眼光、国际标准、中国特色、高点定位"的雄安新区规划建设理念，符合党的十九大报告提出的"建立以国家公园为主体的自然保护地体系"的指导精神，对于雄安新区构建蓝绿交织、清新明亮、水城共融的世界样板生态城市具有重大现实意义。

[1] 中共中央办公厅，国务院办公厅 . 关于建立以国家公园为主体的自然保护地体系的指导意见 [Z]，2019.

（一）有利于打造中国绿色发展的"国家名片"

传统工业化道路促进了人类物质文明，但也带来了环境污染、生态系统退化、气候变暖、资源趋于枯竭等诸多问题。世界各国应该携手同行，共谋全球生态文明建设之路。中国已经做出明确的选择：加大生态文明建设力度，加快绿色发展步伐，全力以赴建设人与自然和谐共生的现代化[1]。

其实，1971 年重返联合国后，中国就参与并融入全球可持续发展进程，从一个旁观者一步步成为全球生态文明建设的重要参与者、贡献者和引领者。2000 至 2017 年，全球新增绿化面积中约 1/4 来自中国；2018 年，中国单位国内生产总值二氧化碳排放比 2005 年降低 45.8%。我们用实际行动打造出发展中国家一张张"绿色名片"：河北塞罕坝林场经过三代人 50 多年的努力，创造了荒原变林海的人间奇迹，成为我国生态文明发展的生动范例，令世界刮目相看；中国第七大沙漠——内蒙古库布齐沙漠，经过 30 年治理，从曾经的黄沙漫漫到如今的绿意葱茏，创造了 5000 多亿元生态财富，其"产业治沙"经验得到联合国认可，被确立为全球沙漠"生态经济示范区"……正是这些壮举让中国的多个团队、项目和个人，获得联合国最高环保荣誉"地球卫士"奖。

白洋淀被誉为"华北之肾"，作为我国华北地区最大的湿地生态系统，生态意义重大。白洋淀生态系统长期以来是淀区及周边 20 多万居民重要的生活、生产资料，被动开发利用强度大。未来建立白洋淀国家公园，就是要持久有效地保持白洋淀生态系统的原真性、完整性，保护白洋淀水环境质量，减轻对白洋淀生态系统生产利用的强度，把白洋淀打造成又一个"人与自然和谐共生"的中国绿色发展样板、生态文明展示平台。彰显中国维护生态系统安全、构建人与自然和谐关系的大国风范。让来到雄安新区的世界各国人民在亲近白洋淀、体验白洋淀、了解白洋淀的过程中，感受绿色发展的中国实践和成就、中国智慧和中国力量。

（二）有利于打造"淡水湖泊湿地"全球治理典范

湿地和海洋、森林并称全球三大生态系统。它孕育和丰富了全球的生物

[1] 人民日报评述 . 加快绿色发展——把握我国发展重要战略机遇新内涵述评之四 [N] . 人民日报，
　　2019-02-25 .

多样性，为人类社会提供赖以生存和发展的重要自然资源，同时，还具有强大的生态功能，能够净化水质、调节气候、吸碳固碳。有"物种基因库""地球之肾""储碳库"和气候变化的"缓冲器"之称。

目前，国际重要湿地正面临着人类生产生活、基础设施建设和旅游开发活动、外来物种入侵以及气候变化的影响等威胁。短短 45 年内，全球 1/3 的湿地已经消失[1]。

中国作为负责任的大国，一如既往，认真履行应负的责任和相应的国际义务——建立湿地保护法律法规，开展湿地调查监测，实施湿地保护修复工程，拓展国际合作交流，提升社会公众湿地保护意识，全力加强湿地保护和管理。有资料显示，我国湿地保护率已达 49%。初步遏制了湿地面积减少、功能下降的趋势，赢得国际社会的广泛赞誉。

作为华北地区重要的湖泊型湿地，白洋淀多年来面临着生态补水严重不足、生态空间破碎严重、淀区污染问题凸显、湿地功能退化的窘境。近年特别是设立雄安新区以来，白洋淀生态环境的修复和保护受到高度重视。2018 年 4 月中央批复《河北雄安新区规划纲要》，明确了白洋淀生态环境治理和保护的目标、任务。2019 年初，《白洋淀生态环境治理和保护规划（2018—2035 年）》发布，计划从生态空间建设、生态用水保障、流域综合治理、新区水污染治理、淀区生态修复、生态保护与利用、生态环境管理创新等方面全方位推进白洋淀生态治理和环境保护。按照规划，2035 年白洋淀综合治理全面完成，20 世纪中叶白洋淀将恢复"九河下梢"湖湖相映、湖河相连、水系相通、苇绿荷红的景象，展现地形地貌丰富多样，流域河湖、湿地、坑塘众多的自然景观。其治理经验对于中国乃至全球而言都将是一笔宝贵的财富。建立白洋淀国家公园，不仅是为其建立起长效的保护机制，而且还会大大提升白洋淀的国际知名度，有利于其治理和保护经验在世界范围内广泛传播，为全球特别是发展中国家人口稠密地区淡水湖泊湿地治理提供可复制、可推广的经验典范，贡献"中国智慧"。

---

[1] 王硕. 还有多少湿地面临威胁 [EB/OL]. 求是网，2019-01-30.

（三）有利于打造雄安新区永续发展的"千年之城"

1. 白洋淀国家公园可为雄安新区未来可持续发展提供永久的生态支撑

雄安新区建设是"千年大计"。在雄安的规划建设实践中，"绿色、和谐"的发展理念已经融入其中。未来的雄安新区将呈现"北城、中苑、南淀"的空间结构，蓝绿空间占比稳定在70%，天蓝、地绿、水秀，人与自然和谐共生。占雄安新区总面积1/5的白洋淀，在营造雄安新区良好的生态环境中发挥着主导作用。规划建设白洋淀国家公园，遵循先进的国家公园经营管理理念，可巩固多年生态修复的成果，有效防止生态系统过度利用开发行为，减少影响生态平衡的人为干扰，保持淀区湿地生态系统完整性，提高白洋淀自身健康生态系统的塑造能力，从而逐步过渡到生态、环境的和谐统一，持久保护好这一蓝色空间、大自然给予的这一宝贵财富，为雄安新区"生态绿色之城"持续发展提供稳固的生态支撑。

2. 白洋淀国家公园可为雄安新区创新性发展吸纳更多的国内外高端人才和市场主体

雄安新区的谋划是在中央深入推进实施京津冀协同发展战略的大背景之下，起于疏解北京非首都功能的初心。根据《雄安新区规划》，作为北京非首都功能疏解集中承载地，雄安新区要建设成为高水平的社会主义现代化城市、京津冀世界级城市群的重要一极、现代化经济体系的新引擎、推动高质量发展的全国样板[1]。未来的雄安新区要积极吸纳和集聚创新要素资源，高起点布局高端高新产业。它要承接北京向外疏解的高等学校和科研机构、医疗健康机构、金融机构、高端服务业、高技术产业等。重点发展新一代信息技术产业、现代生命科学和生物技术产业、高端现代服务业等。搭建国家新一代人工智能开放创新平台，打造国际领先的工业互联网网络基础设施和平台，超前布局区块链、太赫兹、认知计算等技术研发及试验；建设世界一流的生物技术与生命科学创新示范中心、高端医疗和健康服务中心、生物产业基地；建设世界一流的大学……，成为全国创新驱动发展引领区。

建设白洋淀国家公园，创新生物资源保护模式，保护淀区独特的自然生境和景观，维护独特的"荷塘苇海、鸟类天堂"胜景。不仅让雄安新区更加

---

[1] 苏凯. 河北省旅游扶贫发展研究 [D]. 舟山：浙江海洋大学，2019.

宜居，而且还大大提高其知名度、美誉度，有利于吸纳和集聚更多国内外高端人才、高端企业等创新要素，让雄安新区未来真正成为高端创新、改革的高地，实现高质量、永续发展。

三、建设白洋淀国家公园的基本优势

全球各个国家和地区的国家公园设置标准存在差异，并非完全一致。从典型国家的国家公园准入条件来看，资源的独特性和重要性、受人类活动影响较小、景观和生态环境的吸引力等几个方面是重点考量的因素。目前，我国还未出台国家公园准入标准，但从 2017 年 9 月中共中央办公厅、国务院办公厅联合印发的《建立国家公园体制总体方案》来看，自然生态系统代表性、面积适宜性和管理可行性成为准入标准设定的依据。这意味着，国家公园一定是我国自然生态系统中自然景观独特、自然遗产精华、生物多样性富集的部分，且保护范围大，生态系程完整，具有重要价值、国家象征，国民认同度高[1]。上面这些要求，白洋淀高度契合，完全具备成为国家公园的潜质。

（一）重要的生态价值、景观价值

白洋淀作为华北地区最大的湿地生态系统，自然地形地貌多样、动植物物种基因丰富，具有较高的生态价值、景观价值。

1. 自然景观独特

白洋淀位于河北省中部，京津冀腹地。民国 14 年时，湖盆总面积约1400 平方千米[2]。当前面积 36600 公顷（大沽高程 10.05m 时），是华北平原上最大的淡水湿地。它既不同于南方湖泊，也有别于北方的人工水库。含大小淀泊 143 个，形态各异。3700 条沟壕纵横交错，或宽或窄，或长或短，井然有序，且都与河道淀泊相通。伴随河壕同时呈现在白洋淀的是星罗棋布的块块田园。构成了淀中有淀，沟壕相连，田园和水面相间分布的特殊风貌，有着鲜明的自然地理个性。淀区还拥有 12 万亩芦苇、10 万亩连片的荷花。春天，芦芽吐秀、满淀碧翠；夏天，蒲绿荷红，岸柳如烟；秋天，芦荡飞絮，稻谷飘香；冬天，淀面坚冰似玉、坦荡无垠[3]。四季更迭，景随时移。素有"北

---

[1] 潘学飞. 大熊猫国家公园内集体土地产权配置研究 [D]. 成都：成都大学，2020.

[2] 安新县地方志编纂委员会. 安新县志 [M]. 北京：新华出版社，2000.

[3] 曹国厂，杜一方."鸟类王国"白洋淀见证雄安新区绿色发展 [EB]. 新华网，2020-11-11.

国江南""北地西湖"的美誉。古往今来，很多文人墨客被白洋淀的胜景吸引，写下了脍炙人口的诗赋、民歌、散文、小说和纪实文学作品，广为传颂。"芦苇浩荡、湖绿荷红、碧波泛舟、鱼跃鸭鸣"，是白洋淀内生态美色的真实写照。

白洋淀航拍图

白洋淀的夏天

2. 生物多样性

白洋淀是华北地区最大的湿地，作为介于水、陆生态系统之间的一类特殊生态单元，不仅自然景观优美，而且具有较高的生态多样性、物种多样性和生物生产力[1]。这里是鸟的王国、鱼的乐园、多种水生植物的博物馆，淀内鱼、虾、蟹、贝、莲、藕等水生动植物资源丰富。

白洋淀所处地理位置及所属湿地自然生态系统，使其成为澳大利亚与东北亚、日韩与西伯利亚间候鸟迁徙的重要驿站，野生鸟类种类繁多，截至

[1] 梁淑轩.白洋淀的生态保护 [N].保定日报，2014-07-13.

2020 年 11 月，野生鸟类种类记录为 214 种。按迁徙习性分为：夏候鸟、旅鸟、冬候鸟、留鸟，分别是 80 种、92 种、6 种、22 种。其中，夏候鸟和旅鸟构成了白洋淀湿地保护鸟群落的主体；按生活习性分为游禽、鸣禽、涉禽、陆禽、攀禽、猛禽六类。淀区现有国家一级保护动物 4 种（大鸨、白鹤、丹顶鹤、东方白鹳），国家二级保护动物 26 种（灰鹤、大天鹅、鹰科、隼科等）。

白洋淀水体平静，光照充足，有利于水生植物生长，水生植物量相当丰富。现有藻类 406 种；常见的大型水生植物有 47 种，包括 21 种挺水植物，7 种浮叶植物，4 种漂浮植物，15 种沉水植物[1]。

20 世纪 50 年代前，白洋淀流域内，降水量偏多，沟河贯通，给鱼类生长繁殖及索饵洄游创造了良好条件，鱼类品种多，1958 年有 17 科 54 种。20 世纪 60 年代到 80 年代，由于水位下降、水生态环境恶化，淀内鱼类种类和数量减少。80 年代末期以来特别是近年来，经过不断地补水和污染治理，野生鱼类又恢复到 1958 年水平（17 科 54 种）。除此之外，淀内常见的浮游动物有 26 种；底栖动物 38 种，比 1958 年增加了 3 种；哺乳动物 14 种，隶属 5 目 8 科 12 属[2]。这都是国家保护的有益或有重要经济、科研价值的陆生野生动物。

3. 生态安全价值高

白洋淀地处华北平原中部，是华北平原最大、最典型的淡水浅湖型湿地，具有完备的沼泽和水域生态系统[3]。历史上，白洋淀具有缓洪滞沥、蓄水灌溉、调节局部地区气候、改善生态环境、补充地下水、保护生物多样性等多种生态功能，是"华北之肾"，直接影响着京津冀区域生态安全和经济社会可持续发展。如今，白洋淀是雄安新区生态空间结构的重要组成部分，承担着"以淀兴城、城淀共荣"的重要生态功能，其生态系统的健康、平衡与否事关"水城共融、蓝绿交织"宜居雄安建设的成败，具有极高的生态安全价值。

（二）独特的地域文化

白洋淀历史文化深厚，具有典型的时空连续性和地方发展特征。从时间上，可追溯到新石器时代。辽宋时代至今的一千年，逐渐走向繁荣；在空间

---

[1] 温志广. 建立白洋淀湿地自然保护区刍议 [J]. 河北师范大学学报，2003-11-08.

[2] 王博宇. 河道生态斑块构建及净水效能的研究 [D]. 北京：北京林业大学，2020.

[3] 曾庆慧，胡鹏，赵翠平，等. 多水源补给对白洋淀湿地水动力的影响 [J]. 生态学报，2020-08-12.

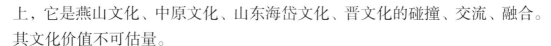

上，它是燕山文化、中原文化、山东海岱文化、晋文化的碰撞、交流、融合。其文化价值不可估量。

1. 古军事文化

白洋淀是我国古代"百战之场"、兵家必争之地。春秋战国时期，现在的"容城－安新－雄县"白洋淀北缘一线是燕赵两国的边界。出于军事防御需要，战国时期燕国修筑了人工堤防——易水长城，今天的新安北堤相传就是燕南长城遗址。宋代，白洋淀为宋辽边界。北宋初年，白洋淀地区是辽军南下的咽喉要地。在杨延昭、何承矩统率下，白洋淀广为屯兵，设立寨、营、垒、堡、口，开挖河道，堆积台田，种植芦苇和水稻，形成方圆几百里"深不可行舟，浅不可徒涉"的水网沼泽。不仅有效阻挡了辽国精锐骑兵南下，而且造就了今天白洋淀沟壕纵横、苇田水面相间的特殊地貌。而金元至明清，淀区则备舟习武。置身淀区，闭目遐想，仿佛还能听到阵阵战鼓声。

2. 红色文化

白洋淀是革命老区，具有光荣的革命传统。曾孕育着红色基因，诞生了国内唯一一支在毛泽东游击战思想指导下抵御日寇的水上游击队——雁翎队。勇敢的淀区人民，不甘外辱，他们拿起猎枪、鱼叉、大抬杆土炮，纷纷加入这支抗日的队伍。穿行于壕沟苇地，以芦苇为掩护，机动灵活地开展游击战，不断袭击日军汽艇，截获日军军火物资，痛击敌寇，从1939年到1945年配合主力部队解放安新县城，谱写了一曲白洋淀人民抗日救国的英雄赞歌，鼓舞了一代又一代中国人。而小兵张嘎的故事成为新中国几代人童年记忆中最灿烂的一部分。白洋淀镌刻着鲜明的红色印记，彰显着中华民族坚韧不屈的伟大精神，为白洋淀人乃至全国人民积聚了一笔宝贵的精神财富。

3. 水乡文化

白洋淀水域辽阔，众多村庄或环绕或分布其中。居民世代与水相伴，捕鱼种苇，织席采荷，建设家园，形成了深厚而独特的北方水乡文化。这在中国诸多湖泊中是绝无仅有的[1]。

（1）芦苇文化。远古时代，芦苇就在白洋淀生长。它是白洋淀之宝，不但对净化淀水起着重要的作用，而且给淀区人民创造了极大的财富。在白洋淀，到处是芦苇，人和苇结合得十分紧密。五月端午，人们用芦苇叶包粽子。

---

[1] 安钱旭林. 新白洋淀苇编在现代服饰设计中的应用研究 [D]. 石家庄：河北科技大学，2018.

深秋，把苇叶沤成泥做养料，用成熟的苇叶打箔织席，铺房扎囤，编篓围栏。《安州志》记载："十年种地，未必五年有秋，所赖以养家者，唯织席耳"。民国时期，白洋淀苇席的年产量达 200 万余领。1985 年，白洋淀苇席产量达到了 600 万领以上，占全国总产量的 40%[1]。织席编篓成为淀区人生活的一部分。进入新世纪，虽然鱼篓、苇席、苇箔等传统芦苇制品退出了我们日常生活，但以芦苇画为代表的芦苇工艺品随着旅游业的发展和经济的进步焕发生机，一件件精美生动，深受游客的喜爱。2009 年，作为民间传统工艺品，承载着河北地域文化的白洋淀芦苇画被列入河北省非物质文化遗产。

（2）渔家文化。渔家文化是渔猎人民生活状态的写照。渔猎——淀区人民传统生活的一部分，曾是重要的生活来源。长期以捕鱼为生的生产方式和渔家生活方式成为白洋淀文化的重要内容。拉大网、下地龙、下篓子、扣花罩、放鱼鹰、扎箔、下卡子等等几十种捕鱼方式是渔民与自然长期共处之道，其中，卷苇捕鱼方式深受儿童喜爱。当然，淀区人民还离不开船。手划小木船是白洋淀内水乡人家每家必备的交通工具；由于渔猎生活需要船，舱、排（鸭排、鹰排）等类型不一的船只成了淀区一大独特风景。其实，白洋淀最有特色的还是迎亲彩船，鲜红的花轿放在船头，身着盛装的迎亲队伍，布满整个水淀。当然，现在一般只有在民俗表演中才能见到这样的场面。

（3）民俗文化。民俗文化是伴随着人类的产生、发展而出现的一种表达生活方式、情感追求的表现形式，包括民间文艺、节日习俗以及生活习惯等基本内容。白洋淀那些源自古老传统的民风习俗，已融入淀区百姓的血液和精神里，并不断获得新生。"放河灯"是淀区人祈求吉祥的传统习俗，表达了他们心目中对生命和死亡的敬畏，以及平安、祥和、幸福的普遍愿望，呈现了淀区人民美好的生活理想。水猎、钓鱼、观灯、赛舟、淀上采菱以及戏曲曲艺、音乐会等也都寄托着淀区人民的精神文化追求，它们都是淀区传统文化的根脉。

（三）较高的国民认同度

白洋淀自然景观优美独特、文化底蕴深厚。史料记载，康熙、乾隆曾先后 46 次到白洋淀游览水围，并相继建起了端村、郭里口、圈头、赵北口行

---

[1] 安新县地方志编纂委员会. 安新县志 [M]. 北京：新华出版社，2000.

宫。古往今来，文人墨客在白洋淀留下大量诗文。20世纪80年代，白洋淀开始旅游开发，2001年，白洋淀景区被评为国家4A级旅游景区。2005年，进入全国十大红色旅游景区之列。2007年，安新白洋淀景区成为国家5A级旅游景区。因为圈头村音乐会的缘故，中央音乐学院音乐系把圈头村选为采风基地。2008年后，白洋淀丧葬习俗、寨南芦苇工艺画、圈头村音乐会等传统文化技艺和民俗入列省级非物质文化遗产，甚至国家级非物质文化遗产。2017年年初，安新白洋淀景区入选中国红色旅游经典景区名录。白洋淀独特的北方水乡景观和地域文化吸引了众多来自全国各地的游客，2018年，仅白洋淀景区接待游客量就达到了270.9万人次。

（四）雄安新区建设的助力

中央和河北省对雄安新区建设的高度重视、高标准规划以及全力支持为白洋淀国家公园的建设创造了良好机遇和便利条件。

1. 白洋淀国家公园纳入雄安新区建设规划

2018年，由河北省编制、中央批复的《河北雄安新区规划纲要》对白洋淀也提出了明确的方向——"远景规划建设白洋淀国家公园"，并要通过"完善生物资源保护策略、保护淀区独特的自然生境和景观、保持淀区湿地生态系统完整性"等努力，把白洋淀建成人与自然和谐共生的试验区和科普教育基地。建设白洋淀国家公园的远景规划得到了中央的认可，这意味着未来的白洋淀国家公园建设将得到来自中央和省级政府的大力支持。

2. 雄安新区的建立优化了白洋淀行政管理格局

白洋淀主要分布于安新县、容城县、雄县辖区，小部分位于高阳县北部龙化乡和任丘市西部的鄚州镇、苟各庄镇、七间房乡辖区，长期以来分属保定、沧州两市管辖。2018年，《河北雄安新区规划纲要》明确了雄安新区规划范围，不但包括雄县、容城、安新三县行政辖区（含白洋淀水域），还把任丘市鄚州镇、苟各庄镇、七间房乡和高阳县龙化乡纳入进来，并于当年即完成了行政区划调整：任丘市的鄚州镇、苟各庄镇、七间房乡由雄县代管，高阳县的龙化乡并入安新县。由此，白洋淀由两市共管转而纳入雄安新区管辖范围，从而为建立统一的白洋淀国家公园行政管理体制奠定了良好基础。

3. 大规模生态修复将进一步提高白洋淀生态系统的完整性

2017年2月，习近平总书记就强调"建设雄安新区，一定要把白洋淀修复好、保护好。"贯彻落实总书记讲话精神，河北省委、省政府组织编写了《白洋淀生态环境治理和保护规划（2018—2035 年）》，经党中央、国务院同意，于 2019 年 1 月印发。该规划从生态空间建设、生态用水保障、流域综合治理、新区水污染治理等方面进行全方位的顶层设计，推进白洋淀生态环境修复，并分阶段明确了治理目标：2022 年，白洋淀生态系统质量初步恢复；2035 年，淀区生态环境根本改善，良性生态系统基本恢复；21 世纪中叶，淀区生态系统结构完整、功能健全。

为了推动规划的落地，切实搞好白洋淀生态环境治理，生态环境部推进雄安新区生态环境保护工作领导小组给予了积极指导，并协调财政部安排中央专项资金对雄安新区生态环境建设予以重点支持。在各方共同努力下，白洋淀周边实施了"洗脸工程"，开展了污染治理的八大工程和生态提升六大专项行动。府河入藻苲淀、孝义河入马棚淀、唐河入羊角淀的河口区域退耕还淀示范项目于 2019 年 7 月启动，总占地 16500 亩。2020 年起，在主要子淀区又进一步实施了 9 万亩的大规模退耕还淀工程。结合生态补水，恢复生态水位，扩大淀泊水面，逐步恢复淀区湿地生态系统完整性。白洋淀国家自然核心特质的代表性将越来越突出。

（五）丰富的国内外国家公园建设经验

自 1872 年，世界上第一个国家公园——美国黄石公园设立以来，全世界已有 200 多个国家设立了数千个各具特色的国家公园。虽然各国国家公园体制有差异，类型不同，但都是为了保护并利用好本国最富文化和自然特征的风景。纵览各典型国家公园建设历史，可以清晰地了解该体制在发展过程中的矛盾和冲突；分析国家公园发展历程中的每一次制度完善和创新，可以深入地把握解决国家公园经营管理问题的有效路径。当然，由于国情不同，各国（地区）国家公园的建设经验不能照抄照搬，但它们能够为白洋淀国家公园建设带来思考和启发。

2015 年以来，我国国家公园体制试点工作稳妥有序推进。中央启动了三江源等 10 处国家公园体制试点，涉及全国 12 个省份。这些试点区在公园管理体制、社区发展、生态系统监测、生态补偿、资金保障等多方面进行了制度探索，并积累了可复制、可推广的经验。相同的经济社会制度、文化背景，相近的人口素质、政府财力水平，国内先行先试地区的国家公园建设经验可为白洋淀国家公园体制建设提供更加切实可行的理论指导、行动指南。

总之，国内外建设经验可以让我们站在成功者的肩膀上，少走弯路，大大降低白洋淀公园建设的成本和风险。

四、白洋淀国家公园的发展定位

落实中央提出的国家公园体制建设要求，秉持"保护第一、合理利用"的理念，未来的白洋淀国家公园应在严格的生态环境保护下，更加充分地利用自身生态和文化资源，服务雄安新区，服务河北，服务全国。

（一）生态安全屏障

白洋淀作为华北平原最大的浅水湖型湿地，被誉为"华北之肾"，具有调节局部地区气候、保护生物多样性等多种生态功能。白洋淀又是雄安新区"蓝绿交织，水城共融"的城市生态格局的重要组成部分，其水质、水量、防洪设施关系着雄安新区高标准水安全体系的成败，对营造雄安新区良好的生态环境发挥着主导作用。因此，要统筹山水林田草淀城治理，加强补水、治污、防洪一体化建设，才能不负生态安全屏障的使命。

（二）生态旅游目的地

生态保护与资源合理利用并不矛盾，二者可以相辅相成。白洋淀是雄安新区这座未来现代化新城不可分割的一部分。白洋淀之于雄安新区，如同西湖之于杭州。在持续的生态环境治理下，白洋淀未来呈现的将是碧水蓝天、苇绿荷红、水鸟成群、锦鳞游泳的生态画卷，它将凭借淀区独特的自然生境、优美景观以及传续千年的地域文化，成为雄安、京津和周边城市人口的重要生态旅游目的地。冬天滑冰，春天看苇，夏天赏荷，秋天观月。或泛舟水上，观荷红苇绿，看捕鱼捉虾；或静坐渔家，听鸟啼蝉鸣，品一壶荷茶；或漫步街巷，览民居风情，话桑麻……不论春夏秋冬，四季皆能让人放松心情，享受慢时光。这座雄安新城的后花园定将成为许多人心中的美好记忆。

（三）红色教育基地

红色资源具有强大的育人功能，它所代表的每一段革命历史，呈现的每一个英雄事迹，蕴含的每一种革命精神，都可以引导人们确立正确的行为规范，树立高尚的道德情操。白洋淀红色资源丰富，应以安州烈士塔、大田庄庙、打保运船遗址、白洋淀雁翎队纪念馆、辛璞田烈士祠、圈头烈士祠等为依托，进行红色资源的深度挖掘、系统打造，做成河北省青少年红色教育基地精品项目，充分发挥这些红色资源的教育功能，让宝贵的革命精神激励一代又一代人。

（四）生态环境教育基地

白洋淀生态环境治理与保护是雄安新区规划建设的生命线。新区成立后，一场场白洋淀治理战役陆续打响。河道水生态修复、退耕还湿还淀、科学清除围堤围埝、堤防建设……一项项先进治理技术的引入、创新性工艺的运用将使白洋淀生态修复治理成为中国乃至全球湖泊治理的样板。

府河河口湿地

孝义河河口湿地

府河、孝义河河口湿地水质净化项目，集国内外顶级专家智慧，创新性采用"前置沉淀生态塘＋潜流湿地＋水生植物塘"组合式工艺，思路新奇，是白洋淀水生态环境治理中的大手笔。前者采用近自然水质净化工艺，并集成湿地碳源补充技术（水生植物、藻类、水生动物）、滤料组合和生态恢复等关键技术。后者以生态、智能、自动、协调为重点打造智慧湿地，进行微地貌生态改造、生态过程智能调控、水雨情自动监测控制。不仅从源头上大大提升了入淀水质，提高了白洋淀流域水生态环境承载力，而且让入淀河口蜕变为水草丰茂、水鸟翔集的生态湿地，成为雄安新区闪亮的"生态名片"。2020年12月，府河河口湿地工程获批雄安新区首个河北省生态环境教育基地。

在系统化的生态环境修复和治理下，白洋淀在不久的将来呈现"河畅水清、岸绿景美、自然和谐"的画面，再现一个秀美的北方水乡。它必会因其成功的治理经验而成为全国性生态环境教育基地，吸引国人甚至是国际目光。

（五）生物科普教育基地

白洋淀现有野生鸟类种类200多种，藻类400多种，常见的大型水生植物40多种，鱼类17科54种，常见的浮游动物26种，底栖动物38种，哺乳动物14种。其中，很多有重要的科研价值。可以说是鸟的王国、鱼的乐园、多种水生植物的博物馆。白洋淀完全可以利用自身丰富的鸟类和水生动植物科普教育资源优势，努力建成我省人与自然和谐共生的试验区和科普教育基地，面向广大学生群体开放开展湿地生物科普活动，惠及雄安新区、河北甚至全国。

第四章　白洋淀国家公园行政管理体制设计

国家公园的行政管理体制也称管理单位体制，是国家公园管理体制的基础部分，包括行政管理机构的设置、权责划分、运行机制等。规划建立白洋淀国家公园的行政管理体制，首先要遵循我国国家公园和生态文明体制的总体目标，以及我国总体行政体制改革趋势进行目标设定。其次要立足雄安新区发展需要和白洋淀管理现状，同时借鉴当前十个国家公园试点的经验启示进行现实考量。最后综合目标和现实考量，要做好当前通往远期规划建设白洋淀国家公园的行政管理体制过渡性改革设计。

一、白洋淀国家公园行政管理体制设计的目标考量

设定白洋淀国家公园行政管理体制的目标考量，一方面是遵循我国国家公园体制建设和生态文明体制改革的总体目标要求，另一方面是顺应我国总体行政体制改革的趋势。

（一）符合国家公园体制总体设计

1. 国家公园体制目标要求

根据 2017 年 9 月中央出台的《建立国家公园体制总体方案》，国家公园行政管理体制服务于"建成统一规范高效的中国特色国家公园体制"总体目标，着力于有效解决交叉重叠、"九龙治水"等多头管理问题，具体目标是"建立统一事权、分级管理体制"。改革内容则以建立统一管理机构为抓手，形成中央和省分级行使自然资源所有权的基本格局，以及建立健全协同管理、高效监管等保障机制。同时方案还对统一管理机构的具体职责进行了规定，包括"履行国家公园范围内的生态保护、自然资源资产管理、特许经营管理、社会教育管理、宣传推介等职责，负责协调与当地政府和周边社区的关系。可根据实际需要，授权国家公园管理机构履行国家公园范围内必要的资源环境综合执法职责。"这是白洋淀国家公园行政管理体制设计的最根本指导。2019 年 6 月中央《关于建立以国家公园为

主体的自然保护地体系的指导意见》要求，"自然保护地管理机构会同有关部门承担生态保护、自然资源资产管理、特许经营、社会参与和科研宣教等职责，当地政府承担自然保护地内经济发展、社会管理、公共服务、防灾减灾、市场监管等职责。按照优化协同高效的原则，制定自然保护地机构设置、职责配置、人员编制管理办法，探索自然保护地群的管理模式。"

可见，根据国家公园体制目标要求，白洋淀国家公园的行政管理体制设计以"统一规范高效"为根本目标，以"优化协同高效"为原则，主要涉及统一管理机构和分级管理体制的建立及其清晰对等的权责划分，以及协同合作、监督监管、人事管理等高效管理运行机制的建立。

2. 生态文明体制改革系统要求

建立国家公园为主体的自然保护地管理体制是新时代我国生态文明体制改革的重要内容和有力抓手，也需要生态文明体制改革以及新时代全面深化改革的系统推进来支撑。2015 年 9 月中央出台的《生态文明体制改革总体方案》提出了新时代生态文明体制改革的"四梁八柱"，即"自然资源资产产权制度、国土空间开发保护制度、空间规划体系、资源总量管理和全面节约制度、资源有偿使用和生态补偿制度、环境治理体系、环境治理和生态保护市场体系、生态文明绩效评价考核和责任追究制度等八项制度构成的产权清晰、多元参与、激励约束并重、系统完整的生态文明制度体系"，这为以生态环境保护为首要目标的国家公园体制提出了更多的系统改革要求。同时总体方案也指出"中央政府主要对部分国家公园直接行使所有权"，这就为白洋淀国家公园委托雄安新区管理提供了可行空间。之后中央相继出台了《生态环境损害赔偿制度改革方案》《关于统筹推进自然资源资产产权制度改革的指导意见》《关于深化生态环境保护综合行政执法改革的指导意见》等生态文明制度改革具体路线。党的十九届五中全会更是强调了"完善生态文明领域统筹协调机制"，这就要求白洋淀国家公园行政管理体制的设计要充分考虑雄安新区生态文明体制改革的系统创新。

3. 融入全球国家公园治理体系

"中国特色、国际接轨"是我国建立以国家公园为主体的自然保护地体系要坚持的五项基本原则之一，我国国家公园行政管理体制的建设，旨在综合吸收世界先进经验的同时，立足我国自然保护地实际和改革需求，形成符合中国特色社会主义制度的国家公园管理体系。从全球范围来看，国家公园管理体制普遍被归纳为三种模式，即以美国为代表的自上而下中央集权垂直管理型、以英日为代表的中央地方多元共治综合管理型和以德澳为代表的地方自治型，其中以自上而下的垂直管理为主、机构职能则大同小异[1]，同时也面临着促进多元共治"共抓大保护"[2]和提高地方政府积极性的改革趋势。这种改革趋势既是现实问题导向的推动，也体现了国家公园体制从最初的单纯强调严格保护自然生态转向寻求生态保护和社会经济一体化发展的人与自然和谐之路。

（二）我国行政体制改革总体趋势

国家公园行政管理体制是我国整体行政体制改革的组成部分，要适应我国行政体制改革进程的总体趋势和原则要求。

1. 国家治理体系和治理能力现代化之目标

"坚持和完善中国特色社会主义制度、推进国家治理体系和治理能力现代化"是新时代全面深化改革的总体目标，也是我国行政体制改革要遵循的目标导向。核心是坚持和完善中国特色社会主义制度，一方面重视制度建设的完善，另一方面加快推进制度优势向治理效能的转化。这就要求国家公园行政管理体制的建设一方面要贯彻落实创新、协调、绿色、开放、共享的新发展理念，适应生态环境领域国家治理体系和治理能力现代化的要求，另一方面要致力于解决人民对美好生态需求的突出矛盾，不断提升国家公园保护和治理效能。

2. 机构改革之主线

2018 年开启的我国新一轮行政体制改革，是新时代我国国家治理体系和治理能力现代化以及充分发挥中国特色社会主义制度优势的深入要求，突出强调了"以加强党的全面领导为统领""坚持以人民为中心""以推进党和国家机构职能优化协同高效为着力点""坚持全面依法治国"等原则，为我国行政管理体制的长远改革提供了战略性指导。实践表明，"加强党的全面领导"是实现中国特色"整体性治理"的根本途径，"优化协同高效"的

---

[1] 蔚东英. 国家公园管理体制的国别比较研究——以美国、加拿大、德国、英国、新西兰、南非、法国、俄罗斯、韩国、日本 10 个国家为例 [J]. 南京林业大学学报（人文社会科学版），2017（3）.

[2] 苏红巧，苏杨、王宇飞. 法国国家公园体制改革镜鉴 [J]. 中国经济报告，2018（1）.

着力点也集中体现了"治理现代化"导向下中国特色社会主义行政体制改革的目标要求。浦东新区[1]、深圳特区[2]的行政管理体制改革实践也都体现了坚持和完善党的全面领导、坚持以人为本、持续转变政府职能、勇于创新和统筹稳妥推进等共同的经验。

正是基于生态文明体制和全面深化改革的要求，2018年3月党和国家机构改革方案按照"优化协同高效"和"一件事情由一个部门负责"的原则，组建了自然资源部，"统一行使全民所有自然资源资产所有者职责，统一行使所有国土空间用途管制和生态保护修复职责。"同时组建了国家林业和草原局，加挂国家公园管理局牌子，由自然资源部管理，"统一行使管理国家公园为主体的各类自然保护地的职责"。中央层面国家公园统一管理机构的成立和生态文明制度改革的推进，为国家公园体制改革的开展提供了有力的指导和支持。同时根据转变政府职能的要求，在更好实现政府对国有自然资源所有权行使的基础上，在国家公园的具体运营中也应注重充分发挥市场在资源配置中的决定性作用，促进多元治理主体形成高效合作机制。此外，新一轮机构改革允许和鼓励地方不必"上下一般粗"，这给地方创新留下了充足空间。

3. "放管服"改革之浪潮

国家公园体制改革涉及自然资源资产管理和国土空间用途管制、生态环境监管、央地关系等诸多改革内容，这些与"放管服"改革息息相关。在"放管服"改革浪潮下，我国政府监管体系整体从独立集权走向综合分权[3]，而环保监管领域在开展综合执法改革的同时则进行了监测监察执法部分的垂直管理改革。可见生态环境监管领域的改革具有特殊的复杂性，白洋淀国家公园行政管理体制设计必然要与雄安新区总体尤其是自然资源、生态环境领域的行政管理体制改革，以及"一网一门一窗"等"放管服"改革进程相适应，同时有利于促进雄安新区生态文明和经济社会总体建设的推进。

4. 政事分开改革之约束

---

[1] 张长起.浦东行政管理体制改革30年回顾与思考[J].中国机构改革与管理，2020（10）.

[2] 中共深圳市委机构编制委员会办公室.深圳经济特区40年行政管理体制改革实践与经验[J].特区实践与理论，2020（4）.

[3] 刘鹏.从独立集权走向综合分权：中国政府监管体系建设转向的过程与成因[J].中国行政管理，2020（10）.

新时期我国事业单位分类改革进入深化阶段，坚持政事分开、突出事业单位的"公益"属性是改革的基本要求。自 2016 年以来我国开展了承担行政职能事业单位改革试点，加快推进政事分开。我国传统的自然保护区管理机构均属于事业单位性质，然而改革后的国家公园管理职能要求其统一行使国家公园范围内的行政许可、行政监督检查、行政处罚等诸多行政权力，故而应定位为行政机构。因此国家公园管理机构的整合设立过程面临着机构性质转变、行政权力移交、人员编制限额等诸多约束性障碍。

二、白洋淀国家公园行政管理体制设计的现实考量

白洋淀国家公园行政管理体制的现实考量，一方面要立足白洋淀管理现状和雄安新区发展需要，另一方面也要充分借鉴当前十个国家公园试点的经验。

（一）国家公园试点区域行政管理体制改革

自 2015 年以来，我国已在三江源、东北虎豹、大熊猫、祁连山、海南热带雨林、武夷山、神农架、钱江源、香格里拉普达措、湖南南山等十个国家公园试点中取得了阶段性成效和改革经验（表 4-1），2020 年底各试点已完成了第三方评估，也即将正式设立一批国家公园，这为未来白洋淀国家公园行政管理体制设计提供了有益借鉴。

表 4-1　十个国家公园试点的行政管理体制实践

试点统一管理机构	管理模式	机构性质	分级管理	官方网站
三江源国家公园管理局	委托管理（省级政府派出机构）	行政单位	管理局—园区管委会—生态保护站	http://sjy.qinghai.gov.cn/
东北虎豹国家公园管理局	中央直管	行政单位[1]	管理局—管理分局	http://tiger.gov.cn/

---

[1] 根据国家事业单位登记管理局"机关赋码和事业单位登记管理网"（原"事业单位在线"）查询，东北虎豹国家公园国有自然资源资产管理局（东北虎豹国家公园管理局）于 2017 年 10 月 11 日进行了事业单位设立登记，但于 2021 年 3 月 17 日又进行了注销，截至 2021 年 8 月其三定方案尚未公布，依据其职能定位及与国家林草局驻长春森林资源监督专员办事处（濒管办）合署办公的实际，应将转为行政单位。

大熊猫国家公园管理局	央地共管	行政单位	管理局—省管理局—管理分局	http://www.giantpandanationalpark.com/
祁连山国家公园管理局	央地共管	行政单位	管理局—省管理局—管理分局	http://www.forestry.gov.cn/qls/index.html
海南热带雨林国家公园管理局	委托管理（省林业局）	行政单位	管理局—管理分局	http://www.hntrnp.com/
武夷山国家公园管理局	委托管理（省林业局）	行政单位	管理局—管理站	http://wysgjgy.fujian.gov.cn/
神农架国家公园管理局	委托管理（神农架林区政府）	事业单位	管理局—管理处—管护中心	http://www.snjpark.com/
钱江源国家公园管理局	委托管理（省林业局）	行政单位	管理局—保护站	http://www.qjynp.gov.cn/
香格里拉普达措国家公园管理局	委托管理（省林草局）[1]	事业单位	管理局—管理所—管理站	http://bbs.jjbd.cn/#/nld/home/main
湖南南山国家公园管理局	委托管理（邵阳市政府）	事业单位	管理局—管理处	http://www.nsgjgy.com/

1. 可借鉴的经验

（1）组建统一管理实体。挂牌组建统一管理实体是各国家公园试点推进改革的标志性事件，意味着"唯一"权责主体的确立。十个试点均在管理模式要求下、整合试点区域内各类自然保护地管理机构及地方政府相关部门职能人员编制基础上，建立了相应的国家公园管理局，统一履行公园范围内自然资源资产管理和国土空间用途管制职责，同时均进行了资源环境综合执法的探索。

在管理模式上可分为中央直管、央地共管、委托管理三种。其中东北虎豹国家公园属于中央直管模式，依托国家林草局长春专员办成立管理局。大熊猫、祁连山国家公园属于央地共管模式，在依托国家公园管理局驻成都专员办、驻西安专员办分别成立管理局的基础上，又在试点涉及省份省林草部

[1] 目前实际仍由迪庆州政府管理，管理权上移工作正在推进。

门挂牌成立省管理局（图 4-1）。其余七个试点均为委托省级政府管理，然

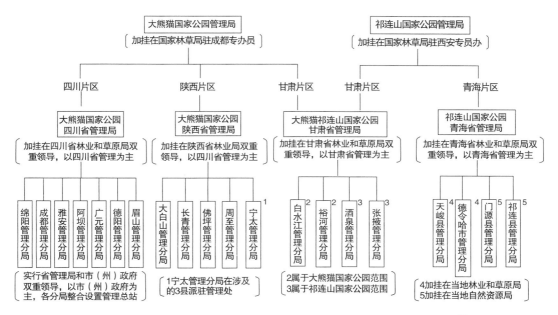

图 4-1　大熊猫国家公园和祁连山国家公园机构设置示意图[1]

而其中又可分为多种情况，如三江源国家公园管理局属于省政府派出机构，海南热带雨林、武夷山、钱江源、香格里拉普达措国家公园委托省林草部门代管，而神农架、湖南南山国家公园则又委托地方政府代管。

在内设机构方面，多数管理机构内部精简，如武夷山国家公园管理局有办公室、协调部、生态保护部、计财规划部、政策法规部 5 个内设机构和科研监测中心、执法支队两个直属事业单位；湖南南山国家公园管理局有综合处、规划发展处、自然资源管理处、生态保护处 4 个内设机构（图 4-2）；钱江源国家公园管理局则有办公室（加挂自然资源与规划处）、社区发展与建设处 2 个内设机构和综合行政执法队作为直属事业单位；神农架国家公园则有 14 个内设机构和科学研究院、信息管理中心、综合执法监察大队三个直属单位[2]；三江源国家公园内设机构则从最初的 5 个（党政办公室、生态保护处、规划财务处、执法监督处、人力资源管理与宣传教育处）增加到了当前的 10 个（党政办公室、生态保护处、规划与财务处、

[1] 张小鹏，孙国政 . 国家公园管理单位机构的设置现状及模式选择 [J]. 北京林业大学学报（社会科学版），2021，20（1）.

[2] 神农架国家公园管理局职责 – 神农架国家公园

[EB].http://www.snjpark.com/info/egovinfo/1001/xxgkdetail/gjgy-02_Z/2017-0626001.htm，2021–9–3.

自然资源资产管理处、执法监督处、人事处、国际合作与科教宣传处、直属机关党委、机关纪委、三江源生态保护基金办公室）[1]。可见随着国家公园管理机构职能的不断完善，其内设部门也应综合考虑大部制及履职效率进行调整完善，从而形成相对统一稳定的模式。

在机构性质方面，目前有神农架、香格里拉普达措、湖南南山三个试点国家公园管理局属于事业单位，其余七个性质均为行政单位，虽然由于各试点国家公园管理模式的不同而导致其级别有所不同，但国家公园管理机构根据其职能定位应属于承担行政职能的行政机构。基于行政机构政务公开的要求和国家公园宣传教育的需要，试点国家公园均建立了各自的网站，多数试点也都在其网站进行了政务公开，这也为国家公园管理的大众监督提供了途径。

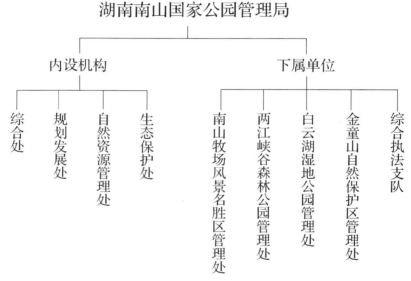

图 4-2 湖南南山国家公园机构设置示意图[2]

此外，在管理层级方面，各试点经验总结中的表述并不统一，主要分为三级管理和两级管理。三级管理体现为"管理局－管理所（管理处或园区管委会）－管理站（管护中心或生态保护站）"，如三江源、神农架、香格里拉普达措；两级管理体现为"管理局－管理分局（管理处/管理站/保护站）"，如海南热带雨林、武夷山、钱江源、湖南南山。央地共管的大熊猫、祁连山国家公园虽然也表述为"管理局－省管理局－管理分局"三级管理，但没有

[1] 三江源国家公园 [EB]. http://sjy.qinghai.gov.cn/govgk/jgsz/nsbm/，2021-9-3.

[2] 南山国家公园 [EB]. http://www.nsgjgy.com/Column.aspx?ColId=31，2021-9-3.

将保护站这一层级纳入体系。因此当前试点国家公园管理机构层级的设置对以往存在的机构依赖性较强，未来应依据管理面积和事务情况进行科学设置。

（2）探索权责划分边界。组建统一管理机构背后的核心问题是权责利的划分，这就需要在理顺国家公园管理机构的层级之间以及和地方政府之间关系的基础上，清晰界定国家公园管理机构自身以及相应地方政府分别的职责和行政权力。比如三江源国家公园实现了"三个划转整合"，即将国家公园所在县涉及自然资源管理和生态保护的有关机构职责和人员编制划转到管委会；将公园内现有三江源自然保护区管理局、可可西里自然保护区管理局等管理职责都并入管委会；对国家公园所在县资源环境执法机构和人员编制进行整合，由管委会统一实行资源环境综合执法。

规范权力运行、合理界定边界的一个有效途径就是权责清单。各试点国家公园管理机构都在积极推进权力清单、执法事项清单的梳理和编制，湖南南山、武夷山等国家公园已率先公布机构行政权力清单。其中湖南省采取省市县三级分别授权的方式，集中授予湖南南山国家公园管理局行政权力两百多项。《湖南南山国家公园管理局行政权力清单（试行）》（湘政办发〔2019〕10号）[1]于2019年3月印发，公布了省级授权的44项行政权力（表4-2），至今两年试行期已满，但尚未公布评估结果及修订完善版本。这份权力清单显示，湖南南山国家公园管理局的权力授予来源于发改、自然资源、生态环境、住房和城乡建设、交通运输、水利、农业农村、林业、文化和旅游、文物等十个部门，授权可谓迈出了艰难的第一步，完全实现权力移交涉及的事务承接、人员流转等诸多问题都需要在改革的行动中一一破解。

表4-2　湖南南山国家公园管理局行政权力清单（试行）摘编

权力类别	事项名称	授权来源
行政许可（12项）	权限内重大和限制类企业投资项目核准	省发展和改革委员会
	中小型地质环境治理项目立项审批	省自然资源厅
	环评审批权限内相对应的噪声、固废污染防治设施验收	省生态环境厅
	设置非公路标志审批	省交通运输厅
	更新砍伐公路护路树木审批	

[1] 湖南省人民政府办公厅关于印发《湖南南山国家公园管理局行政权力清单（试行）》的通知[EB].http://www.hunan.gov.cn/xxgk/wjk/szfbgt/201903/t20190312_5293945.html，2021-8-20.

行政许可（12项）	取水许可审批	省水利厅
	生产建设项目水土保持方案审批和验收（县域内省级立项的占地10公顷以下且挖填土石方10万立方米以下的）	
	国家二级保护野生动物特许猎捕证和省重点保护野生动植物特许猎采许可	省农业农村厅
	驯养繁殖国家二级保护和省重点保护野生动物审批	
	驯养繁殖国家二级保护和省重点保护野生动物审批	省林业局
	进入林业部门管理的自然保护区核心区从事科学研究观测、调查活动审批	
	旅行社设立分社、服务网点备案	省文化和旅游厅
行政征收	水资源费征收	省水利厅
其他行政权力（31项）	权限内省预算内基建投资及专项资金安排	省发展改革委
	权限内政府投资项目核准	
	建设项目使用四公顷以上国有未利用土地审批	省自然资源厅
	城乡建设用地增减挂钩试点项目实施方案审批	
	基本农田划定审核	
	建设用地耕地占补平衡指标挂钩审查	
	土地复垦方案审查	
	永久性测量标志拆迁审批	
	农用地转用、征收土地审查（含城市批次、乡镇批次、单独选址项目用地）	
	建设项目用地预审（省级预审项目）	
	城镇排水与污水处理规划备案	省住建厅
	省立项的水运建设项目初步设计文件审批	省交通运输厅
	县域内总投资500万元以下水土流失治理项目的实施方案审批	省水利厅
	县域内省级审批且不跨行政区域的生产建设项目的水土保持补偿费征收使用和管理	
	水资源费补助项目申报审批	
	风景名胜区重大建设项目选址方案核准	省林业和草原局
	造林作业设计审批	
	采集、采伐国家重点保护天然种质资源审批	
	省级权限内建设工程征占用林地审批	
	省级权限内森林资源流转项目审批	
	森林生态效益补偿基金公共管护支出项目审批	

非国家重点保护野生动物狩猎种类及年度猎捕量限额计划审批	省林业和草原局
林木采伐指标计划审批	
林地定额计划审批	
县级林地保护利用规划审核	
在省级文物保护单位的保护范围内进行其他建设工程、爆破、钻探、挖掘等作业审批	省文物局
权限内不可移动文物的原址重建、迁移、拆除及改变用途审批	
省级文物保护单位修缮、实施原址保护措施审批	
拍摄省级文物保护单位，制作考古发掘现场专题类、直播类节目，为制作出版物、音像制品拍摄馆藏文物，境外机构和团体拍摄考古发掘现场等审批	
省级文物保护单位（含省级水下文物保护单位、水下文物保护区）的认定及撤销	
全国重点文物保护单位、省级文物保护单位的开发利用情况综合评估	

《武夷山国家公园管理局权责清单》（闽委编办〔2020〕158号）于2020年7月由中共福建省委机构编制委员会办公室、福建省林业局联合公布[1]，依法明确武夷山国家公园包括行政许可、行政监督检查、行政处罚、行政强制、其他行政权力、其他权责事项等六大类共123项权责事项（表4-3）。从武夷山国家公园管理局官网上还看到其早在2018年2月就公布了行政监督检查、行政许可、行政处罚三个清单，而2020年的清单则更加完善清晰、内容丰富。对比可以看到，湖南南山国家公园的权责清单只包含了被授权的经济社会管理权限，涉及审批的事项占多数，未纳入其下属执法单位的执法权限事项。而武夷山国家公园权责清单中的5项行政监督检查、81项行政处罚、7项行政强制及"责令补种树木"等共94项行政权力均属于武夷山国家公园执法支队权限，占清单事项总量的76.4%。除执法支队权限外的29项行政权责事项（表4-3）则包含了行政权力及内设机构层面的责任事项清单。同时清单展示了相应权限的法律法规依据，充分体现了职责法定和依法治国的基本原则。

---

[1] 公开行政权力 完善监督机制——武夷山国家公园管理局权责清单
[EB].http://wysgjgy.fujian.gov.cn/zwgk/zxwj/202007/t20200715_5512639.htm，2021-8-20.

表 4-3　武夷山国家公园管理局权责清单摘编（不含执法支队权限）

权力类别	事项名称	内设机构或责任单位
行政许可	武夷山国家公园内特许经营项目许可	计财规划部
	在自然保护区的实验区野外用火审批	管理站
	进入自然保护区从事科学研究、调查观测、教学实习、标本采集、参观旅游、拍摄影片、登山等活动审批	生态保护部、管理站
	林木采伐许可证核发（含5个子项：公益林采伐审批、自然保护区实验区竹林采伐审批、自然保护区特殊情况的林木采伐审批、林木采伐许可证延续、林木采伐许可证注销）	生态保护部（省林业局委托武夷山国家公园管理局审批）
其他行政权力	武夷山国家公园内建设项目的审核	协调部
	同意自然保护区内雇佣外来劳动力	管理站
	在风景名胜区从事建设和有关活动审核	生态保护部
其他权责事项（21项）	加强国家公园保护的宣传教育工作	办公室
	组织编制国家公园总体规划、专项规划和保护利用方案	计财规划部
	提出门票价格制定的政策建议	
	组织起草国家公园有关法规规章、管理制度	政策法规部
	组织社会参与、宣传推广等工作	
	加强国家公园内有害生物的监测并制定有害生物入侵应急预案	管理站
	依法设立检查站或者检查哨卡并制定方便原住民通行的具体管理办法	生态保护部、管理站
	组织编制国家公园各类技术规范和标准	生态保护部
	组织开展资源调查并建立档案	
	对国家公园的生态系统进行调查、监测、评价	
	制定森林防火的防控管理制度并组织实施	
	会同有关部门和政府制定完善文化遗产保护具体方案	
	组织开展科研合作和科学研究等工作	
	组织生态环境监测	
	受委托对国家公园内全民所有的自然资源资产进行保护、管理和运营	
	制定国家公园的保护规范、公约、章程等制度	协调部
	承担武夷山国家公园试点工作联席会议办公室日常工作	

负责与国家公园涉及的市、县（区）党委、政府联络协调	协调部
促进社区发展与产业优化，做好区内有关群众工作	
协调国家公园内旅游相关工作	
协调驻区单位工作	

此外，唯一探索由中央直管的东北虎豹国家公园提炼了体现所有者权益的 11 项职责，即制定规划、清产核资、出让管理、收益管理、保护地管理、出资人职责、生态保护修复、实施生态补偿、统筹资源配置、统一标准规范、推进全民共享等。同时对虎豹管理局行政职能法律授权工作路径进行了探索，梳理形成了包含林草、自然资源、水利、农业农村、生态环保等多个部门，涉及行政许可、行政处罚、行政征收、行政强制、行政确认、行政裁决、行政给付、行政奖励、其他行政权力等 9 个类别约 1600 项行政权力清单，组建了政务服务办公室，创新建立了"先由虎豹管理局出具前置意见、后由相关部门审批"的前置审核程序。

（3）制定完备的法规制度体系。法规制度体系是依法行政和规范化管理的基础，也是各试点国家公园重点推进的工作内容。一是按照"一园一法"的准则制定国家公园管理条例或管理办法，对国家公园的管理体制、规划建设、资源保护、利用管理、社会参与、法律责任等进行了规定。二是完善规划体系编制及深化"多规合一"改革。试点地区均有效完成了各国家公园的总体规划和生态保护等专项规划体系，同时积极探索国家公园与地方政府合作的"多规合一"改革，促进国家公园和地方发展的一体化。三是形成了系统化的管理规范体系。各国家公园试点在基本法规的基础上，均制定了资源管理、生态管护、特许经营、社区发展、科研科普等多方面的管理制度，三江源、钱江源等国家公园试点还探索发布了相关标准体系，为国家公园的管理提供了系统化的规范支撑。

（4）构建有力的协调合作机制。在国家公园试点的经验中，"央地共管""园地共建""联合执法""社区共建共管"等词被赋予了重要地位，也充分说明了国家公园体制建设中多元利益主体的协调合作机制的重要性。

一是各级政府以及公园管理机构之间的常态化高效率的协调合作机制。比如东北虎豹等跨省试点均建立了部委和省级参与的协调工作领导小组，武夷山等省级垂直管理的试点均建立了省级统筹协调机制，钱江源国家公园则通过与地方政府建立的交叉兼职、联席会议、联合行动等机制，形成了"垂直管理、政区协同"的管理体制。湖南南山国家公园管理局与当地政府共同出台了《行政授权外经济社会发展综合协调等事权划分》，更加明确二者在生态保护和经济社会发展方面的分工和协作。

二是与科研机构等社会力量的长久合作机制。国家公园的一个重要功能特点就是科学研究，而生态环境的系统化科学化修复保护也依赖于相关科学研究成果，因此各国家公园试点成立相关研究机构或与科研机构形成紧密合作是必然选择。比如三江源国家公园与中科院合作组建三江源国家公园研究院，中国林科院和湖北省林业局共同成立了"中国林科院神农架国家公园研究院"，以及国家林业和草原局神农架金丝猴研究中心。还有四川省大熊猫科学研究院、祁连山国家公园青海研究中心、海南国家公园研究院等机构。此外，青海省还成立了三江源生态保护基金会、祁连山自然保护协会等社会组织，以促进社会力量在国家公园共建共管中的参与。而大熊猫国家公园则成立了"共管理事会"吸引社会力量制度化参与公园管理机构和政府建立的多元主体协同管理。

三是建立联合执法及司法协同等保障机制。试点国家公园普遍都开展了资源环境综合执法改革的探索，然而由于执法事项的特殊性及综合执法改革进程的复杂性，使得多部门多层级联合执法成为地方短期解决执法问题的最好选择。如湖南南山国家公园管理局构建了"综合执法支队＋执法大队＋联合执法小组＋森林公安派出机构"的"层叠式"执法体系。此外，加强执法和司法协助也是实现国家公园生态保护职责的关键，如三江源国家公园管理局联合省高院、省检察院设立了三江源生态法庭，四川大熊猫国家公园管理局联合省高院、四川省检察院挂牌成立了大熊猫国家公园法庭。

2. 试点行政管理体制仍待解决的问题

（1）职权法定依据不足。国家公园管理机构作为我国行政体制改革中的新生事物，作为其职权法定依据的上位法仍处于缺失状态，期待试点结束后国家公园全国性立法的加快推进。虽然当前国家公园试点均按照"一园一法"出台了地方性法规规章，但其管理和执法行为仍然要遵从《自然保护区条例》（2017 年修订）、《风景名胜区条例》（2020 年底发布了最新修订征求意见稿）以及《草原法》《森林法》《矿产资源法》《野生动物保护法》

等分散的资源立法，法律法规的整合协调性不足，这对各试点探索开展的国家公园权责清单及资源环境综合执法改革等带来极大挑战。国家林业和草原局（国家公园管理局）正在推动《国家公园法》以及明确国家公园管理体制、机构设置、运行机制等问题的规范性文件的制定，将对未来国家公园管理机构设置及其职能界定提供根本指导。

（2）垂直管理与属地管理的交织。根据国家公园体制愿景，"垂直管理"是一个远景目标，在当前十个国家公园试点中，形成了中央直管、央地共管、省级垂直管理、委托地方政府代管等多种模式，而且各个试点国家公园管理局的级别性质、负责人任命形式、分级管理模式等仍不统一[1]。

一是委托代管等形式突出了地方政府在国家公园管理中的主导作用。当前十个国家公园试点中有六个均在一个县域内，名义上均为省政府垂直管理，实际上或是直接委托地方政府代管，或是委托省林业局代管。无论有无委托名义，通过地方政府领导人的兼任等方式形成的"政区协同型"管理模式也使得地方政府具有实际管理权。即使在中央直管、央地直管、省级垂直管理等模式中，国家公园管理机构的形成和建设行动中也看到地方政府属地管理的深入参与甚至实际管理。垂直管理和属地管理是我国行政体制中两种相对独立的体系，必须看到国家公园所涉及的资源管理和环境保护事项，与税务、海关等事务性垂直管理系统有着本质区别，其与地方经济社会发展有着不可分割的交织关系。

二是园区内外因生态保护目标要求、工作任务的不同，给园区内外协调保护和发展带来更多挑战。一方面当前国家公园分级管理体系的隶属关系尚不统一，国家公园多层级管理主体通常受到双重领导，且有的受国家公园管理机构主要领导，有的受地方政府主要领导，易造成多重目标下的行为冲突。另一方面由于我国国家公园内原住民较多、生态环境保护与经济社会发展事务紧密交织，受地方管理的国家公园管理机构更容易陷入"地方俘获"和"激励不相容"的陷阱[2]。虽然环境保护已纳入地方政府政绩考核的刚性约束可以促进多主体的目标一致性，但国家公园管理机构的垂直与属地管理取舍还要在深入探索实践中进一步优化融合，才能推动实现"保护"和"发展"双

---

[1] 张小鹏，孙国政.国家公园管理单位机构的设置现状及模式选择[J].北京林业大学学报（社会科学版），2021，20（1）.

[2] 秦天宝，刘彤彤.央地关系视角下我国国家公园管理体制之建构[J].东岳论丛，2020（10）.

赢的模式。

三是国家公园管理机构人事制度的不统一。国家公园管理权的统一包括规划权、人事权、资金权、经营监管权、执法权等[1]，目前试点单位在统一规划权、经营监管权、执法权等方面均取得了显著成效，然而作为行政管理体制重要内容的人事权制度改革创新却相对滞后。管理机构主要负责人任命多由专员办、林草局、地方政府等负责人兼任，工作人员则或由多方面整合划转或保持原来模式，编制限制和人员能力严重影响职责履行，人事制度亟待统一完善，从而为国家公园长久治理和发展提供支撑。

（3）行政单位与事业单位性质争议。试点中多由于国家公园管理机构性质、职权等制约而导致公园管理体制机制运行不畅的问题。一是行政机构与事业机构性质之争议。委托代管模式下国家公园内的具体管理机构仍然多为事业单位，机构性质尴尬、级别较低、人员编制不明晰，既影响其国土空间管控、自然资源执法等行政职能的承担，也容易受到地方政府的干扰造成发展的局限。即使是中央直管的东北虎豹国家公园管理局，试点期间也属于事业单位性质，加之其是依托国家林草局长春专员办挂牌成立东北虎豹国家公园国有自然资源资产管理局，加挂东北虎豹国家公园管理局牌子，同时也受到挂牌机构的诸多限制，东北虎豹国家公园内国有林场等企业承担部分行政职能的问题仍然没有得到彻底解决。二是相关开发企业角色定位不清晰。比如云南香格里拉普达措国家公园长期全权委托迪庆州旅游集团有限公司普达措旅业分公司开发管理。三是组织属性不清及组织构造不完善[2]。钱宁峰从行政组织法的维度指出当前国家公园管理机构是行政机关、公法人和行政署三种属性的混合体，这使得其混淆了行政管理和专业管理并存在内部决策执行监督分工不清晰及责任归属难等问题。

（二）整合当前白洋淀多头管理体制

白洋淀国家公园行政管理体制的建立，首要就是解决"交叉重叠、多头管理的碎片化问题"。当前白洋淀整体划入雄安新区管辖范围对于白洋淀的统一管理和保护起到了极大推动作用，但还涉及白洋淀省级湿地自然保护区、国家级水产种质资源保护区及白洋淀景区等相关管理体制。

[1] 王蕾，卓杰，苏杨.中国国家公园管理单位体制建设的难点和解决方案[J].环境保护，2016（23）.
[2] 钱宁峰.国家公园管理局组织设计的完善路径[J].中国行政管理，2020（1）.

1. 白洋淀省级湿地自然保护区管理

2002 年，河北省政府批准《白洋淀湿地自然保护区规划》，白洋淀成为省级湿地自然保护区。2004 年，安新县设立白洋淀湿地保护区管理处，作为县政府全额事业单位，负责湿地保护区保护、科研、宣教等工作。在 2019 年机构改革中，白洋淀湿地保护区管理处并入安新县自然资源和规划局，成为内设湿地保护区管理中心。此外，白洋淀 2009 年成为第三批国家级水产种质资源保护区，保护区范围内的水产养殖等产业活动受到农业农村部门的特殊监管。

2. 白洋淀景区管理

安新县白洋淀景区在 2007 年经国家旅游局正式批准为国家 5A 级旅游景区，管理事权涉及白洋淀景区管理委员会和安新县文化和旅游局，具体经营管理由安新县白洋淀景区开发有限公司负责。此外，雄县也建有白洋淀旅游码头，白洋淀众多淀中村和淀边村都在开展旅游相关产业和活动，管理主体涉及各县文旅、市场监管等部门。

3. 雄安新区生态环境保护管理

雄安新区涉及白洋淀生态环境保护管理的部门主要包括自然资源和规划局、生态环境局及公共服务局。自然资源和规划局的职能包括"负责编制新区总体规划、起步区控制性规划、启动区控制性详细规划、白洋淀生态环境治理和保护规划及土地利用总体规划……负责新区生态建设、植树造林、耕地保护、白洋淀国家公园建设、大清河流域治理、白洋淀生态修复、环境治理等工作……负责国土资源管理和利用工作……生态环境局作为河北省生态环境厅的派出机构，由省生态环境厅和河北雄安新区党工委、管委会双重管理，其职能包括"（一）负责建立健全生态环境基本制度。拟订并组织实施新区生态环境规章和规范性文件。协助新区组织编制环境功能区划，会同新区拟订重点区域、流域污染防治规划和饮用水水源地环境保护规划，并组织实施……（六）拟订生态保护规划，组织评估生态环境质量状况，监督对生态环境有影响的自然资源开发利用活动、重要生态环境建设和生态破坏恢复。指导、协调和监督自然保护区的环境保护，监督、管理野生动植物、珍稀濒危物种保护及白洋淀湿地环境保护。组织指导农村生态环境综合整治，组织协调生物多样性保护；负责水源地、河流及白洋淀环境质量的监督管理……（九）负责新区环境监测和信息发布……雄安新区生态环境综合执法实行局队合一形式，由雄安新区生态环境局负责。雄县、容城县、安新三县的环保局调整为河北雄安新区生态环境局直属分局，由河北雄安新区生态环境局直接管理，负责本区域内生态环境监管及综合执法。此外，白洋淀区域的项目建设及产业运营还涉及公共服务局的"行政许可事项的集中管理和审批"等职能，以及综合行政执法局的相关执法职能。

（三）适应雄安新区行政体制改革创新

雄安新区管理委员会是省政府的派出机构，2021年9月1日正式实施的《河北雄安新区条例》中明确赋予雄安新区更大的管理权限，可以"参照行使设区的市人民政府的行政管理职权，行使国家和省赋予的省级经济社会管理权限"。雄安新区管理委员会采取大部制运行模式，内设党政办公室、党群工作部、宣传网信局、改革发展局、自然资源和规划局、建设和交通管理局、公共服务局、生态环境局、综合执法局、应急管理局等机构。2019年1月中央发布的《关于支持河北雄安新区全面深化改革和扩大开放的指导意见》提出，要"逐步赋予雄安新区省级经济社会管理权限""中央和国家机关有关部委、河北省政府根据雄安新区不同阶段的建设任务和承接能力，适时向雄安新区下放工程建设、市场准入、社会管理等方面的审批和行政许可事项"。雄安新区先后承接了河北省多批次委托下放和保定市托管移交事项几百项，2020年底公布的雄安新区本级行政许可事项目录达857项。同时在雄安新区市民服务中心全面实施"一网、一门、一窗"办理，形成了"一枚印章管审批"模式，推进了"事项清单化、许可标准化、人员职业化、审批智慧化、平台一体化、审管联动化"的行政审批"六化"改革。2020年7月雄安新区出台《雄安新区行政许可管理办法（试行）》，其中第六条规定，除了新区本级事项集中审批管理外，"派出机构和垂直管理部门实施的行政许可，按照'就近管理、强化服务'的原则，一并纳入政务服务中心办理。"

在生态文明领域，雄安新区不断加强规划设计、创新生态环境管理。一方面认真组织实施《白洋淀生态环境治理和保护规划（2018—2035年）》，强力推进白洋淀污染治理和生态修复，建立了"天地淀"一体化环境智慧监测网络，还组建了"白洋淀水生态修复保护专家组"，开展了"水专项"研究项目并及时对研究成果进行实践转化，充分实现了白洋淀生态环境的科学治理；另一方面根据中央和河北省指示，有序部署了河湖长制、自然资源统一确权登记、生态环境综合执法改革等工作，为白洋淀生态环境保护和治理提供体制支撑。

此外，白洋淀流域性的协同治理和保护机制逐步建立。中央《关于支持河北雄安新区全面深化改革和扩大开放的指导意见》也提出，要"建立雄安新区及周边区域生态环境协同治理长效机制"，"构建以白洋淀为主体的自然保护地体系，合理划分白洋淀生态环境治理保护的财政和支出责任，统筹各类资金渠道和试点政策，加大对白洋淀生态修复的支持力度。"针对白洋淀上游河流流经保定市其他地区的情况，保定市 2019 年 7 月开始实施《保定市白洋淀上游生态环境保护条例》，为白洋淀的源头治理提供了保障。河北省在成立省长任组长的白洋淀生态修复保护领导小组基础上，持续开展白洋淀生态环境综合治理工程。《白洋淀生态环境治理和保护条例》作为雄安新区及白洋淀的第一部地方性法规，于 2021 年 2 月 22 日通过，4 月 1 日正式施行。强调了建立淀内外、左右岸、上下游、全流域的协同治理机制，其中第六条规定了"省人民政府负责白洋淀流域生态环境治理和保护总体工作。河北雄安新区管理委员会负责雄安新区内白洋淀生态环境治理和保护工作。"第九条规定了"省人民政府……实施规划、标准、预警、执法等统一管理""加强流域联合执法和联防共治机制"，这极大地推进了白洋淀生态环境保护和治理的法治化。

三、白洋淀国家公园行政管理体制改革设计

结合国家公园体制总体目标要求和白洋淀保护管理现状，以及雄安新区千年大计的创新发展需要，一方面可以对远景规划建设的未来白洋淀国家公园行政管理体制进行设想，另一方面也需立足现实做好白洋淀国家公园体制建设准备的衔接式改革设计。

（一）白洋淀国家公园行政管理体制设计的原则

无论是国家公园体制和生态文明制度建设，还是我国行政体制的持续改革，都服务和服从于新时代我国国家治理体系和治理能力现代化的目标。综合而言，白洋淀国家公园行政管理体制的目标集中体现为"统一规范高效的管理体制"，具体则要求白洋淀国家公园行政管理体制设计遵循"统一、分

级、规范、协同、高效、创新"的原则。

"统一"即坚持"一个保护地一个牌子、一个管理机构",有效解决交叉重叠、政出多门的管理不畅和监管保护低效问题,实现自然资源资产管理与国土空间用途管制"两个统一行使",并合理保障国家公园管理机构的规划权、人事权、资金权、经营监管权、综合执法权等。

"分级"则要求处理好中央和地方以及地方各层级各部门之间的关系,形成权责利相统一的职权和支出责任划分体系。这要求在充分考虑国家公园社会地理条件的基础上,保障国家自然资源所有权行使的效益效率。国家公园管理机构的设置是建立国家公园管理体制的基础,对此国务院发展研究中心研究员苏扬提出了"三个有利于"的总体原则[1],即"一是有利于与中央的大部制、统一专业管理的机构改革方向衔接;二是有利于推进生态文明基础制度系统落地;三是有利于处理与地方政府的关系。"

"规范"一是要贯彻依法行政的法律底线;二是要以法律法规制度体系的构建为基石,形成法律规范和改革实践的积极互动;三是要形成全国一体的国家公园为主体的自然保护地管理体系。

"协同"一方面强调解决好跨区域、跨部门的体制机制问题,尤其是白洋淀生态环境保护涉及的流域性相关地方政府。另一方面也包括"所有权、经营权、监督权分离"基础上多元主体参与协作的共建共管模式。

"高效"一方面是基于管理体制和政策流程等的优化实现国家公园管理的"有效性",另一方面则是不断提升人才资源的支撑和先进科技的运用以达到较高水平的效率效益。

"创新"既是新时代我国行政体制改革和国家公园体制建设的总体要求,也是雄安新区千年大计的创新系统对白洋淀国家公园形成的内在辐射。只有不断创新才能实现国家公园行政管理体制在"科层集权、扁平分权、协同均权"三种组织模式[2]的综合中找到均衡发展之路。

(二)管理机构设置和职责体系设想

1. 管理模式的选择

2020 年中央机构编制委员会印发《关于统一规范国家公园管理机构设

---

[1] 苏扬.国家公园"大部制"寄望解决多头管理 [N].中国商报,2016-10-21.

[2] 张海霞,钟林生.国家公园管理机构建设的制度逻辑与模式选择研究 [J].资源科学,2017(1).

置的指导意见》指出，"以省政府为主管理的国家公园管理机构列入省政府派出机构"。基于雄安新区管理委员会作为河北省政府的派出机构，可"行使国家和省赋予的省级经济社会管理权限"的特殊地位及千年大计的发展需要，建议白洋淀国家公园选择直接委托雄安新区管理的"政区协同"模式。白洋淀是雄安新区生态绿色发展的心脏，二者是不可分割的整体。"政区协同"模式既可以通过雄安新区的建设更快更好实现白洋淀国家公园的保护治理，也可以通过国家公园专项增加中央对白洋淀和雄安新区绿色发展的支持。当然这种模式要求设置更加完善的委托代理机制，以避免监管缺失、信息不对称等造成的委托代理风险。

2. 统一管理机构的设置

首先，整合当前白洋淀区域自然资源管理和生态保护相关机构职责和人员配置，组建白洋淀国家公园管理局。管理局负责人由雄安新区负责人兼任，由河北省人民政府和国家公园管理局双重领导，省林业部门履行业务指导和监督职责，既符合"中央政府主要对部分国家公园直接行使所有权"的改革设计，也能充分发挥雄安新区机制创新优势和资源条件支撑，有利于更好地服务新区发展。管理局统一履行自然资源资产管理、国土空间用途管制以及生态保护、特许经营、社会参与和宣传推介等职责。雄安新区管委会负责协调推进白洋淀国家公园保护、建设和管理相关工作，三县政府负责行使辖区经济社会发展综合协调、公共服务、社会管理和市场监管等职责。

其次，白洋淀国家公园管理局可设综合办公室、生态保护、资源资产管理、宣传教育、社区发展等内设机构，同时形成"管理局—管理站"两级管理体系。可在公园区域内的乡镇人民政府挂牌设立保护管理站，或在乡村分散的区域成立村级保护管理站，力求适应雄安新区"大部制、扁平化"改革方向，适应白洋淀国家公园生态资源分布和经济社会发展现状。

再次，白洋淀国家公园管理局应履行资源环境综合执法职责，承担林业、国土、环境、渔政、水资源、河道管理等执法工作。但考虑白洋淀在雄安新区的突出地位以及雄安新区综合执法改革进程，建议由新区在深化资源环境综合执法改革的基础上，整合三县有关白洋淀区域的资源环境综合执法力量，在白洋淀国家公园实行派驻式执法，派驻执法机构接受白洋淀国家公园管理局和雄安新区综合执法局的双重领导。

最后，对于白洋淀国家公园管理局履行资源管理、国土空间用途管制、特许经营等职责中涉及的行政审批服务事项，建议设立相关事项的前置审批权，由白洋淀国家公园管理局成立政务服务机构派驻雄安新区政务服务中心，遵循雄安新区"一枚印章管审批"的集中审批管理模式，保障"雄安效率"的实现。

3. 机构性质的合法化设定

一方面根据当前试点经验，白洋淀国家公园管理机构应为行政单位。然而后续必然要解决试点中存在的行政事权与公益性事业事权的分离，目前我国也正在推动出台《国家公园法》，因此远期白洋淀国家公园管理机构及其下属单位的性质设定应以相关法律法规为根本遵循。另一方面，应立足当前统筹《白洋淀生态环境治理和保护条例》《河北雄安新区条例》等法律法规，为未来白洋淀国家公园统一管理机构的设立及"一园一法"预留衔接。

4. 合理划分中央地方财政事权

不同国家公园管理模式中的央地关系及财政事权支出责任的划分各不相同。若根据国家公园的"全民公益性"最终实现所有国家公园的中央垂直管理，则财政事权和支出责任都属于中央政府。若委托省级政府管理的模式长久存在，正如对白洋淀国家公园设想的委托管理，则需合理划分中央地方财政事权和支出责任。"权、钱、利"的安排是国家公园体制建设中的关键问题，武夷山、钱江源、普达措等国家公园在以往以旅游为主导的发展模式下，都是地方政府的主要财力来源（白洋淀的旅游收入也相似），如何变革相关收支体系使其符合国家公园体制的要求？也是试点地区普遍面临的重大问题。根据试点经验和设想，一方面应不断加大国家层面的"国家公园"专项转移支付，另一方面白洋淀国家公园管理机构作为省一级财政预算单位，应在对雄安新区的财政预算中独立出来，对两个预算的相关事项和分配比例进行合理动态调整。

（三）衔接式改革设计

"远景规划建设白洋淀国家公园"既给予了雄安新区充分的准备时间，也要求雄安新区在远景目标指引下规划好从现实出发的渐进式、衔接式改革设计。一方面是不断加深对国家公园的认知理解，围绕国家公园首要的生态保护、全民公益等目标实现展开创新实践。另一方面可根据"结构－过程－

环境"三维[1]创新理论，重点致力于自然资源资产管理的统一、协作网络的构建、管理方式的创新等。

1. 不断深化国家公园的概念目标和建设路径认知

要做好白洋淀国家公园的衔接式改革设计，首先就是要深化对"国家公园"概念目标和建设路径的认知了解，加强白洋淀国家公园的顶层设计，才能沿着国家公园建设对白洋淀生态环境保护和治理以及"全民公益"目标实现的要求开展实践创新。其次要积极参与国家公园整体改革进程，不能因为"远期规划建设"就在当下搁置不前，更不能让"远期"变"无期"。应充分结合雄安新区规划目标和白洋淀生态环境治理实践，在寻求国家层面及国家公园管理局的支持帮助下，合理规划国家公园建设的阶段性目标和举措。将"远期"目标细化，有利于各方对白洋淀国家公园建设的清晰预期及推进改革行动。

2. 自然资源资产管理的统一

自然资源资产管理的统一是国家公园统一管理的基础。白洋淀区域整体划归雄安新区管辖以及《白洋淀生态环境治理和保护规划（2018－2035年）》对白洋淀国家公园的建立形成了有力的支撑，这就要求新区在自然资源确权登记、生态环境修复和治理等工作中，先行引入白洋淀"大公园"的概念，将白洋淀区域作为一个整体的自然资源资产管理单元，借鉴先进地区地役权改革、保护协议等方式，结合生态功能区、生态红线以及生态环境保护需要的水村搬迁改造、产业转型等，逐步实现白洋淀区域自然资源管理和国土空间用途管制等职能的"多规合一"，以使其形成与新区其他区域的相对独立。也可通过先行设立白洋淀国家公园筹建委员会、白洋淀自然保护区共管事会等方式推进相关统一管理。

3. 管理方式的创新及效率提升

白洋淀国家公园的行政管理体制设计，需要做好与雄安新区"创新"导向的体制机制衔接。第一，创新可源于对先进经验的借鉴。比如逐步形成白洋淀区域特殊的生态资源管理、生态管护、景区管理、科研教育等管理规范体系；学习借鉴"联动式""链条式"执法机制，构建雄安特色的白洋淀生态环境执法和保护机制。第二，创新基于生态文明制度建设的体系支撑。在

---

[1] 高小平，刘一弘. 论行政管理制度创新 [J]. 江苏行政学院学报，2021（2）.

雄安新区和河北省不断推进生态文明制度体系建设完善的基础上，可在白洋淀国家公园区域探索河湖长制、领导干部责任制、区域性监测监管评估等制度体系的综合执行和融合创新之路。第三，创新还可来自人力资源及先进技术的赋能。借助雄安新区引进高层次人才的平台，积极储备国家公园建设所需管理及技术人才，加强白洋淀生态环境保护和治理中的信息技术及先进科技运用，打造融入雄安新区数字孪生城市建设的白洋淀数字信息管理及共享系统。

4. 协作网络的构建

形成多元主体有效协作的网络体系，是国家公园建设发展的必然选择，正如有学者指出的，不应将"九龙治水"问题的解决全部寄希望于成立新的国家公园管理机构身上[1]，而应充分建立良好的协同治理机制。一是加强中央地方的协作。国家公园中全民所有自然资源占主体地位，即使中央政府委托地方政府行使所有权，也需承担委托人的基本事权支出责任和指导监督职责。白洋淀国家公园若委托雄安新区代管，必须完善中央政府对雄安新区和国家公园的双重支持协作关系。二是理顺区域地方政府间的协作。一方面需要将国家公园的独立管理较好地融入雄安新区绿色建设发展和京津冀区域生态环境协同治理，另一方面尤其要建立国家公园管理机构同河北省、保定市及白洋淀流域相关地方政府间的协作机制。三是增强社区、公益组织等社会力量的协作参与。充分利用雄安新区机遇，一方面有力吸引国内外生态环境科研人才及社会组织、社会资金等资源参与白洋淀国家公园建设管理，形成决策咨询的专家网络和志愿服务的人才技术网络。另一方面合理引导淀区原住民向有利于国家公园保护发展的生活方式转变，不断形成保护建设的内外合力。

---

[1] 刘金龙, 赵佳程, 徐拓远, 等. 国家公园治理体系热点话语和难点问题辨析[J]. 环境保护, 2017 (14).

第五章 白洋淀国家公园运营机制建设

国家公园在我国还是一种全新的保护地模式，其持续平稳发展有赖于有效协调各利益主体权益、平衡资源科学保护和合理利用的各种机制。未来的白洋淀国家公园要充分发挥功能，关键是改革原有保护地制度，构建起完善的生态旅游发展机制、社区居民参与机制、资源环境教育机制和服务于公园管理与决策的监测机制。这是一项长期的系统工程，不可能一蹴而就，现在就应谋划推进。

一、白洋淀国家公园基本运营规则

（一）坚持绿色发展

我国《建立国家公园体制总体方案》明确，国家公园是以保护具有国家代表性的大面积自然生态系统为主要目的，实现自然资源科学保护和合理利用的特定区域。依据中央精神，建设好白洋淀国家公园既要搞好生态保护，又不能放弃淀区资源的合理利用，且生态保护优先。基于白洋淀生态环境现状，必须探索生态保护和资源利用的新模式，推动产业生态化和生态产业化，打造生态经济体系，走绿色发展之路，践行"既要绿水青山，也要金山银山；绿水青山就是金山银山"的生态文明思想。

（二）坚持特许经营

尽管各国国家公园的管理模式不尽相同，但都实行管理权与经营权相分离的经营机制，并普遍采取特许经营方式。这主要是出于管理效率和公众利益的考虑，因为此种经营机制更有利于提高国家公园公共服务的质量，满足游客多样化的公共服务需求；可以通过资源的有偿利用拓展公园融资渠道，减轻一部分财政负担。2015年以来我国启动的十个国家公园试点都采取了特许经营的方式。2019年，国家公园管理机构被中央、国务院赋予了"国家公园范围内特许经营管理"的职责，特许经营模式在我国已经得到认可。

这就是未来白洋淀国家公园经营机制建设的目标。

（三）坚持社区参与

国家公园不是一个独立的存在，与当地社区不可分割。全球一百多年来的国家公园发展史告诉我们：忽视社区参与、不重视当地人的利益会付出沉重代价；而良好的社区参与可以在保护公园生态环境的前提下实现社区的公共利益和可持续发展，达到社区发展和公园保护的协调统一。2019 年，中共中央办公厅、国务院办公厅印发《关于建立以国家公园为主体的自然保护地体系的指导意见》，提出了"坚持政府主导，多方参与"等基本原则。就我国自然保护地建设发展机制明确了"保护原住民权益，实现各产权主体共建保护地、共享资源收益"等要求。位于人口稠密地区的白洋淀国家公园在未来的运营中必须高度重视社区利益，处理好与当地及周边社区关系。在坚持政府主导的同时，鼓励当地居民积极参与到公园规划、管理、经营、利益分配、绩效评估等运营中来，形成共建共管共享的治理格局，这是我国国家公园建设的社会公益性和全民共享的重要体现。

二、白洋淀国家公园建设面对的挑战

国家公园的首要目标是生态环境保护，构建白洋淀国家公园必定会打破多年来形成的既有利益格局。在一个人口众多且经济社会发展水平不高的乡村地区，如何摆脱利益主体对淀区资源的过度利用、实现利益再平衡？是摆在我们面前的一道难题。

（一）白洋淀经济社会发展情况

1. 淀区人口较多、资源依赖度较高

白洋淀，以四周堤坝为界：东至千里堤，西至四门堤，南至南新堤，北至安新北堤。东西长 39.5 千米，南北宽 28.5 千米。当水位在 10.5 米（十方院大沽高程）时，淀区总面积 366 平方千米，其中，安新县境内 312 平方千米。淀区共涉及 4 个县（市）、13 个乡镇、92 个村庄，总人口 21.53 万人。其中，40 个纯水村，人口 9.1 万；52 个淀边村，人口 12.43 万。淀区人口 83.1% 属

安新县，13.5%属雄县，3.4%属容城县[1]。2017年，淀区居民人均收入1.3万元，主要收入来源为旅游服务、加工制造业和捕捞、种养殖等，上述三项收入占总收入的比重分别是45%、40%和15%[2]。

2. 淀区传统产业发展水平不高

20世纪80年代以前，淀区村民依托本地优越的自然条件，以发展第一产业为主。大多数村民依靠捕捞淀内鱼类及种植农作物可自给自足，部分村民依靠养殖业及芦苇编制等手工业提高家庭收入。党的十一届三中全会后，实行了家庭联产承包责任制，苇田、土地承包到户。淀区人民开展多种经营，逐步形成了"淀内渔业淀边鸭，低台芦苇高台园，旱地麦棉湿地稻"的产业布局。鱼、席、粮完成定购任务后，可自产自销，人民生活水平不断提高。近年来，芦苇及其加工制品市场日益萎缩，原有芦苇编制等传统手工业走向没落，芦苇经济价值基本丧失。20世纪80年代以来，伴随乡镇工业化浪潮，白洋淀区域内也出现了一批工业企业，以制鞋、羽绒加工、塑料包装为主，淀区村庄的产业发展类型得以丰富，村民收入来源更加多样化。但是，尽管部分村庄已经形成了集中连片的生产格局，然而大部分仍为家庭作坊形式，规模较小，产品单一、档次低，无法形成品牌效应[3]，发展的质量和效益不高，而且还带来了环境污染问题。2017年雄安新区设立后，中央及河北省政府高度重视白洋淀生态环境治理和修复，加快清除淀区围堤围埝、网围及沟壕水产养殖，规范畜禽等养殖，把现代农业作为发展方向；加大"散乱污"工业企业的整治力度，并力促传统工业转型升级。制鞋、羽绒等制造业企业因污染、不符合新区高端产业发展定位或关停或迁往省内的南宫、高邑等地。目前，符合新区定位的新经济增长点还没有形成规模。

3. 旅游业经济支撑作用进一步显现

20世纪90年代以来，经过多次生态补水、生态治理，白洋淀生态环境逐步恢复，旅游价值凸显。在当地政府的主导下，白洋淀旅游迅速发展起来，并日益成为周围大都市人们的重要旅游目的地，假日休闲、娱乐的好去处，农家乐旅游的优势也逐渐显现出来。旅游还带动了莲子、松花蛋、咸鸭蛋等

---

[1] 崔俊辉，董鑫.白洋淀芦苇生态功能与经济发展研究[J].石家庄铁道大学学报（社会科学版），
　　2020（9）.任丘所属淀边村现已划入雄安新区，并由雄县托管。

[2] 崔俊辉，董鑫.白洋淀芦苇生态功能与经济发展研究[J].石家庄铁道大学学报（社会科学版），
　　2020（9）.任丘所属淀边村现已划入雄安新区，并由雄县托管。

[3] 黄尚东.基于生态优先指导下白洋淀内村庄发展模式研究[J].林业与生态科学，2018-05-06.

白洋淀土特产品以及芦苇工艺画、蒲编等特色工艺品等旅游纪念品开发业，繁荣了商贸流通业。安新县 2006 年接待游客超过百万人次，直接经济收入 4414 万元，社会综合效益 5.8 亿元，占全县 GDP 的 20.8%；2015 年接待游客 158 万人次，旅游总收入 7.92 亿元 [1]，占 GDP 比重约为 14%；2019 年接待游客 266.7 万人次，旅游总收入 24.03 亿元 [2]，占 GDP 的比重为 80%。旅游业的产业地位和经济支撑作用逐步增强。

4. 县级财政保障能力较弱

雄安三县经济发展水平不高，财政实力较弱。2017 年，雄县、容城、安新三县 GDP 分别为：110.3 亿元、64.2 亿元、62 亿元，一般公共预算收入分别为 2.9 亿元、2.17 亿元、2.88 亿元。新区成立后，传统产业关停、搬迁转移，高新技术产业支撑能力不强，处于新旧动能转换"阵痛期"，新的税收增长点尚未形成规模，财政收入增长缓慢（2020 年，安新县一般公共预算收入仅为 2.92 亿元）。而与此同时，财政事权却增加。安新、雄县县级财政减收增支压力凸显，收支矛盾加剧，基本财政保障能力弱化。

（二）几个需要正视的问题

1. 游憩需求规模不断放大

白洋淀主要分布在安新县境内，距石家庄 189 千米，距北京 162 千米，距天津 155 千米，处于京津冀的腹地。2001 年 5 月安新县大力实施"旅游兴县"战略，着力推进白洋淀旅游发展。2007 年 5 月，安新县白洋淀景区被国家旅游局正式批准为国家 5A 级旅游景区，其水乡风光吸引了大量京津冀游客。雄安新区设立后，白洋淀旅游热愈发升温。安新县旅游局发布的信息显示：2017 年国庆节期间，白洋淀共接待游客 24 万人次，其中景区接待游客 12 万人次，同比增长 50%；乡村游 12 万人次，同比增长 22.3%。2018 年白洋淀景区全年接待游客量达到 270.9 万人次。未来，白洋淀还将面临更大规模的游客压力。一是承担着疏解北京非首都功能任务的雄安新区自身人口规模会不断增长；二是随着"四纵两横"区域高速铁路交通网络和"四纵三横"区域高速公路网的优化与完善，雄安新区与京津冀区域内及周边省份城市通达性大大提高，白洋淀旅游最优吸引半径会延长；三是雄安新区对外

---

[1] 邓睿清.白洋淀湿地水资源—生态—社会经济系统及其评价[D].保定：河北农业大学，2011.

[2] 中共安新县委安新县人民政府 2019 年度工作总结。

开放水平和国际影响力不断提高，高度开放的、现代化的雄安新城会为优美的白洋淀带来更多的国际游客。

虽然大规模的游憩活动会促进雄安新区旅游经济的发展，但同时也会给白洋淀生态环境保护带来巨大的压力。如何本着"保护第一、兼顾游憩功能"的原则，有效协调民众游憩需求与淀区资源环境保护之间的矛盾是未来白洋淀国家公园面临的挑战之一。

2. 淀区居民持续生计问题

白洋淀淀内及周边，有几十万居民长期在这里生产生活，其传统生产经营行为、生活方式给湿地自然生态系统带来了破坏。从长远考虑，要根本解决当地水生态问题，最直接有效的方式就是全部移民搬迁。但淀区水村是在历史发展中自然形成的，是白洋淀特有的乡村形态，承载了长时段、多层次的人水互动历史，可谓一笔宝贵的聚落遗产[1]。如果没有了村庄，白洋淀就失去了原住民文化景观，缺少了历史厚重感和水乡韵味，白洋淀国家公园文化价值也不复存在。所以，在水资源环境承载力范围之内，保留部分村庄，并进行改造重构才是最适宜的选择。这意味着未来的白洋淀国家公园不是"荒野"公园，政府要长期面对淀区生态环境保护和不断提高淀区居民生活水平两大任务。2017年以来，以白洋淀生态修复为导向的清网行动、养殖业整治以及工业企业关停、迁移，已然使当地一些村民失去了既有的收入来源，政府必须帮助他们开辟新的生计之道，防止因生态建设导致居民贫困化。但是，淀区常住人口大多文化水平不高，且新区定位高新高端产业，如何让淀区人民重新获得持续稳定的收入，实现淀区生态保护与社区发展的协调统一？需要认真思考和谋划。

3. 白洋淀科普、教育功能较弱

科普、教育是国家公园的重要功能。而白洋淀旅游的兴起源于地方政府和民众对经济利益的追求，采取的是传统大众观光旅游模式。旅游发展中，景区建设运营以吸引大众游客眼球、满足游客游憩需求，获取更多门票收入为主要目的，对科普教育重视不够。一方面，淀区绝大多数动植物资源、生态资源没有纳入教育范畴。既缺乏野生动植物展馆，又缺乏有趣的动植物寻访游学项目。不能满足游客近距离欣赏、深入了解聚居园内的各种各样野生

---

[1] 孔俊婷，马晓宇.抵触控制规则下白洋淀水村的建设与发展研究[J].河北工业大学学报（社会科学版），2020（3）.

动植物的需求。另一方面，宝贵的红色资源开发利用不充分。白洋淀景区外的一些红色资源所在地不但基础设施较差,而且还缺少一些保护的硬件设施,相关讲解服务也不完善，没能很好地发挥其功能。由于当地政府和居民对白洋淀的革命遗址和纪念场所等红色资源的认识不到位，破坏还时有发生；红色资源的利用上创新性也不强，主要是对革命遗址、纪念馆和相关文物的展示、陈列等，没有营造出一种浓厚的历史革命氛围，缺乏对红色资源内涵的挖掘[1]。红色资源对人们理想信念树立、道德教化、榜样激励等方面作用有限。

白洋淀传统大众观光旅游模式无疑提高了当地居民就业水平，增加了居民收入，繁荣了地方经济，丰盈了地方财政收入，促进了地方经济社会发展目标的实现。但它不能有效激发游客对白洋淀湿地自然资源环境的自觉保护意识，红色文化和革命精神的传播、传承也难以达到理想效果，与未来白洋淀国家公园定位要求不符。所以，强化公益性目标，逐步建立起完善的有利于健全国家公园功能的科普教育机制，增强旅游资源的教育功能，政府责无旁贷。

4. 白洋淀治理中社区参与不足

白洋淀原住民与白洋淀保护和发展利益关系最紧密，白洋淀的保护和发展中当地居民不应缺席。但长期以来，淀区居民并没有全面参与到白洋淀保护和发展中去，只有一部分原住民有限参与并从旅游发展中受益，旅游发展规划和决策的社区参与没有实现。

（1）就业参与是社区参与的主要形式。自 20 世纪 80 年代末期白洋淀旅游业兴起以来，参与旅游业逐渐成为部分淀区居民的一项重要收入来源。他们通过个体经营和受雇的方式从事餐饮、苇编工艺品加工、导游、渔船游览、景区和宾馆服务等工作，实现在旅游发展中就业，从旅游发展中获得利益。除自主经营农家乐、家庭旅馆的居民外，被雇佣人员大都在工资低、技能要求不高的岗位，因此，并未因参与旅游业而实现生活富裕。

（2）旅游参与度不高。同全国其他不发达景区一样，白洋淀景区资金输入也主要依靠外来资金。现有旅游景点及宾馆饭店，其投资者多为北京、天津等外来的旅游开发公司或饭店集团公司。受资金不足、人才匮乏、信息

---

[1] 郝红岩. 白洋淀红色资源保护研究 [D]. 石家庄：河北经贸大学，2018.

不畅等因素的影响，淀区居民只能个体经营为数不多的小规模的农家乐、家庭旅馆，且主要集中在景区内村庄。社区没有掌握白洋淀旅游开发的主导权和控制权，在参与旅游经营中处于不利地位。外来的旅游企业成为最大的受益者，而不是当地居民。现有旅游开发格局下，旅游业的发展并没有为当地居民带来合理的经济效益,淀区资源的利用和保护工作难以得到有效的协调;同时，也造成了旅游产品单一、旅游景点雷同、人造景观过多等问题。[1]

（3）决策参与尚未实现。决策参与是最高等级的社区参与。但在白洋淀，旅游发展长期处在政府主导的机制下,社区居民未被赋予旅游发展的决策权，缺乏有效的协同、参与机制，被排斥在旅游决策、规划、经营管理之外。许多影响社区的决策由地方政府、相关企业和专家做出，社区居民没有介入。当然，决策参与不足也与当地民间非政府组织力量薄弱、民众缺乏民主参与意识有很大关系。决策参与的缺失，容易导致社区居民缺乏旅游发展整体意识和主人翁意识，不利于激发社区居民保护当地资源和生态环境、保护和传承社区文化的热情和动力。当个人利益受到损害时，甚至会产生对发展规划和旅游政策的抵制行为。

三、建立健全以生态旅游为目标的旅游开发管理机制

国家公园，兼顾保护生态环境和资源合理利用。而生态旅游是在一定的自然区域保护环境并提高当地居民福利的一种旅游行为[2]，是实现可持续旅游的一种发展模式。两者具有高度的契合性。以建设国家公园为目标取向的白洋淀要逐步以生态旅游取代传统大众旅游，实现旅游业转型升级，形成旅游绿色经济模式，以此来有效解决生态环境保护和社区发展的统一问题。

（一）科学编制生态旅游专项规划

生态旅游规划是实现旅游规范开发的基础。雄安新区的建立结束了白洋淀旅游开发权多县分割的局面，下一步要做的工作就是组织编制白洋淀生态旅游发展规划，把整个淀区而不仅仅是景区的旅游建设活动纳入统一管理之中。通过这个规划，一是限定白洋淀旅游建设的程度、规模，进行有组织、

---

[1] 张萌，杨洁云，张宁．基于参与式发展理论的安新白洋淀湿地生态旅游研究 [J]．商业研究，2002
（2）．

[2] 1990 年 International Ecotourism Society 给出的定义。

有计划、有目的的开发；二是以对生态资源影响可接受程度为标准，进行旅游项目的可行性评价；三是强化建设过程中的法制管理，确保所有投资建设不偏离生态旅游目标。

（二）积极打造生态旅游产品

建设国家公园的宗旨就在于：保护资源景观的原真性、完整性，维持人与自然和谐共生并永续发展。在白洋淀30多年的旅游开发中，景区人工雕琢痕迹明显，有些景观与当地资源完全脱节，有些基于本地文化的景观因挖掘不深而缺乏内涵，不利于自然资源和人文资源的保护和延续。要构建白洋淀国家公园，必须整体规划旅游产品，突出生态环保和水域特色，突出历史文化、民俗风情区域特色，在"尊重自然，原汁原味"的原则下，再造"华北明珠""北国江南"的旅游形象。

1. 做活生态观光旅游产品

观光旅游产品是自然风光、文化内涵的展示和民族风情体验等为主要内容，供旅游者观赏、游览和参与体验的旅游产品。它是旅游产品的最基础组成部分，不会因为旅游转型升级而失去需求。白洋淀观光旅游应充分整合利用鸟、鱼、苇等资源，增加观光旅游自然场景和现代化野生动植物展览场馆，延长旅游线路和时间，摆脱春季只能看苇，夏季主要赏荷的单调无趣观光游模式，让游客无论在哪个季节都能游览白洋淀的独特自然风貌，了解白洋淀人文特色。从而以丰富的观光旅游产品、较强的参与性，增加游玩的乐趣，激发游客对白洋淀的热爱与保护欲望。

2. 做强生态度假旅游产品

生态度假旅游产品以自然生态资源为背景，在能级上高于观光游产品。白洋淀应以淀区特色村庄和主航道附近村庄为依托，打造"白洋淀人家"项目，在环境承载力范围内拓展农家乐、民宿，恢复淀区渔村民俗。突出"吃渔家饭、住渔家院、干渔家活、享渔家乐"这一主题，让游客真正体验不同于城市的原生态的"北方水乡"特有生活，回归大自然。这样的旅游产品不仅可以提高游客对白洋淀的认同度和忠诚度，吸引更多的生态旅游爱好者，而且有利于水乡文化的传承和活态保护。

3. 做优生态专项旅游产品

白洋淀丰富的特色自然旅游资源和文化旅游资源，为生态专项旅游产品打造提供了基础。要让游客深度了解白洋淀，就应精心打造湿地探索游项目、渔民节庆旅游产品、红色旅游线路。以多湿地场景，季节性荷塘、芦苇床、林地、观鸟屋……开展湿地探索游，引领游客走进不同的生境，近距离欣赏聚居淀内的各种各样的野生动植物，寻访各种各样的有趣生物，亲身体验湿地生趣；以丰富的渔民节庆旅游产品引领游客领略北方水乡特有的民俗风情，感受厚重的历史和地域文化；以真实的革命故事、抗战遗址、抗战情景剧，还原白洋淀抗战历史，让游客深刻认识到战争的残酷和白洋淀人民的英勇。

4. 改造现有景观设施

对现有的旅游开发项目、旅游设施进行评估，与生态旅游理念不符、不合未来国家公园生态资源保护要求的，应当逐步进行改造、拆除，保持白洋淀湿地自然生态和文化遗产的完整性、原真性。

（三）健全游客管理制度

1. 加强游客容量控制

旅游资源的利用必须要遵循生态容量这一基本规律，要考虑资源环境承载力。在开展生态旅游的许多国家都对进入生态旅游区的游客量进行严格的控制，并不断监测旅游行为对自然生态的影响。白洋淀旅游管理部门应树立起生态旅游的理念，根据旅游地的面积、特点、可进行入等条件，综合运用面积容量法、线路容量法、卡口容量法等，科学准确地确定游客容量上限。推行游客网上预约制度，控制可售门票数量，并通过各景观人流量实时在线监测、游玩路线引导、游船班次安排等技术和方法，把游客进入量和旅游活动强度控制在资源环境承载力范围之内，有效平衡和消减游客压力，防止过量游客对自然环境及景观造成破坏，提高游憩质量。

2. 加强游客行为管理

游客在白洋淀旅游活动中对保护自然与文化生态系统的意识与行为，包括他们对环境保护的支付意愿、对社区文化的认同度，也是影响白洋淀生态旅游成败的关键因素[1]。目前，我们的大多数游客几乎没有或者只有表面的生态意识，具有浅显的环境责任感。为了获得最佳旅游体验，常常会做出有损环境的行为，比如乱扔垃圾，进入禁入区，破坏野生植物等。要消除游客

---

[1] 张萌，杨洁云，张宁．基于参与式发展理论的安新白洋淀湿地生态旅游研究 [J]．商业研究，2002（2）

这些不文明不负责任的游憩行为，需要激励约束制度和公众教育并重。

（1）签订保护及安全协议。为每一位到访的游客提供旅游须知，明确游玩活动存在的风险，禁止和限制的活动，以及违反相关规定的惩罚措施、承担的责任等，游客确认后才可以进入。如发现游客违规行为及时提醒，以此强化游客环保和安全游憩责任意识。

（2）加强公众教育，让游客意识到自身的不当行为对环境造成的不利影响，引导并鼓励他们对自己的行为负责。意识决定行为，要改变行为必先加强环保教育，让旅游者普遍树立起生态保护意识。管理当局可从两方面提供公众教育：一方面，制定并展示以尊重他人、保护环境和享受自然为主题的户外游憩准则，并将这一准则放在其官方网站和游客服务中心周围的布告板上，展示如何成为"绿色访客"并遵守准则的建议。对于文明游客可给予免除门票等奖励，以引导游客在淀区"负责任游憩"，实现环境和游憩活动的和谐共存；另一方面，在游憩服务中心以印刷宣传材料等方式，将白洋淀相关的历史发展、自然景观和政策管理等方面展示给公众，阐释国家公园的理念、价值与意义。让游客了解国家公园的珍贵，从而发自内心地尊重自然、绿色游憩，达到保护淀区环境的目的。

（3）鼓励游客开展"播客旅游"。"播客旅游"可增加游客社会存在感，增强游客环境责任感。我国快手、抖音等短视频平台的发展已经为游客开展"播客旅游"提供了舞台。旅游管理部门要适应时代变化，创新游客管理方式，积极与快手、抖音等平台合作，开展优秀视频评选活动。每年对深受大众喜爱的白洋淀旅游视频给予适当的奖励，激励游客这种既宣传白洋淀又有利于自我行为监督的旅游方式。

（四）加强旅游经营者管理

同全国大多数地方一样，白洋淀旅游发展中，政府无力全部承担大量的旅游开发资金，不得不吸引投资商。这些旅游经营者尤其是外来投资经营者，其旅游经营活动以利润最大化为目标，对湿地资源和环境的保护缺乏责任感，不会主动转变传统经营方式，迎合生态旅游的需要。因此，白洋淀管理部门在优化营商环境，引进旅游投资的同时，也要加强对其行为的引导、监管，防止和化解旅游开发与资源保护之间的矛盾。

1. 编制绿色游憩商业指南，推进旅游服务设施和服务的绿色化

旅游服务设施和各项服务的绿色化，是发展生态旅游的关键要素。白洋淀管理部门应积极组织编制游憩服务设施的建设要求和日常管理指南，为旅游设施建设和服务提供绿色发展框架。该指南应涉及住宿、景点、交通、活动组织、食品零售、办公和游客信息中心等所有的旅游相关服务。明确游憩相关经营主体应当承担的环境保护责任，并详细列举节能措施、雨水管理、垃圾分类和促进公共交通等各个方面的绿色措施，指导相关经营主体建设低碳环保的绿色游憩服务设施，提供绿色服务，尽量不向外排放废物，把旅游商业经营活动对环境的不利影响控制在环境承载力范围之内，以保护淀区水生态环境，满足生态可持续的要求。

2. 探索建立健全特许经营制度，强化合同约束力

目前，我国国家公园特许经营活动还没有严格统一的法律规范支撑，缺乏实施标准和法律依据。应总结国内试点地区特许经营的做法，并根据功能分区、资源禀赋、产业特色、社区状况逐步探索建立符合白洋淀实际的特许经营制度，引导和管控特许经营项目。制度建设的重点：一是科学确定特许经营的范围，增强国家公园的公益性。除门票业务、公共基础设施建设、医疗服务，以及涉及国家安全和秘密的项目不能实施特许经营外，其他提供游客所需的吃、住、行、游等必要公共服务都应充分利用资本、技术等社会资源，以便提高游客体验，当然，特许经营项目要保证消费水平在绝大多数国内游客的消费能力之内。二是合理设定特许经营期限和经营规模，增强特许经营项目的竞争性。服务项目保持一定程度的竞争性，可以提高服务的质量。特许经营期限不宜过长，要考虑项目内容、投资额度、项目生命周期等因素合理确定经营期限，以特许经营者获得合理的利润为限；禁止把旅游资源整体转让开展特许经营，合理控制每一个特许经营者的经营规模，尽量让更多的社区居民、企业参与进来，不但使旅游发展惠及社区居民，又能避免特许经营垄断。三是加强特许经营项目运营的日常监管，提高特许经营的规范性。要以特许经营协议为依据，实施定期和不定期的检查，确保特许经营者遵守约定的条款。总之，是要形成"政府主导、管经分离、特许经营、多方参与"的经营机制。

四、建立健全以共治共享治理格局为目标的淀区居民参与机制

建设白洋淀国家公园，离不开企业、社会组织、居民等广大社区主体的支持和配合，尤其是淀区居民的支持和配合。要让居民逐步参与到白洋淀的规划、实施、管理、经营、利益分配、绩效评估到经验总结的全过程中来，不再仅仅是发展规划政策的执行者，而且还是政策的建议者；不再仅仅是生态环境保护的受益者，而且还是主要获益者。

（一）增强社区居民参与的意义

1. 有利于更好地实现白洋淀生态环境保护

白洋淀湿地生态旅游的良性发展，需要利益相关主体群策群力、积极参与，而社区居民在旅游治理中的重要地位更是不可或缺。一方面，作为白洋淀生态旅游最主要利益相关者的当地居民，掌握着与自然共生共存的知识体系、生活经验和生产方式等丰富而系统的地方性知识。这些在适应自然的过程中世代积淀下来关于特殊动物的习性、植物生长分布、气候变化等信息大都是外来调查规划人员所不掌握的，但是对生态环境保护有利的。社区居民参与国家公园生态旅游规划及决策，可以使公园建设更加贴合白洋淀实际。另一方面，社区居民所熟悉的生活、生产场域体现出的是民俗文化，他们的参与有利于实现白洋淀旅游产品的多样化和旅游者体验的深度化，让生态旅游产品更具原汁原味的地方特色。

2. 有利于白洋淀社区持续发展

白洋淀湿地生态系统具有较强的生产功能，是人口聚集的区域。世代生活在白洋淀内及周边的居民，是建设白洋淀国家公园、开发白洋淀生态旅游中必须考虑的因素。淀区村庄有选择地保留可以实现白洋淀文化活态保护，是国家公园建设发展的重要基础，而白洋淀国家公园的建设也不能以牺牲淀区居民利益为代价。因为我们国家建设和发展一切以人民为中心，建设白洋淀国家公园也不例外。要确保国家公园建设促进社区发展，提高淀区人民生活水平，而不是影响社区发展，降低社区居民的生活水准。因此，应让淀区居民普遍参与到生态旅游开发中来，扭转旅游开发中政府处于绝对支配地位、企业攫取大量收益的现状，推动社区居民成为生态旅游开发的主体，在生态旅游收益分配中获取更大的份额；让淀区居民参与到公园

管理决策中来，赋予其知情权、建议权、话语权，有效维护自己的合法权益。

3. 有利于白洋淀持久保持游憩功能

白洋淀对游客的吸引力不仅仅在于北国水乡的自然风貌，也在于水乡特有的生产生活文化。脱离了当地文化的白洋淀也就失去了特色、活力、旅游发展的长久动力。因此，社区参与旅游发展是白洋淀保持并提升游憩功能的重要保障，其参与程度对白洋淀湿地生态旅游的成败具有决定作用。这里所说的社区参与旅游是一种旅游开发模式，而不仅仅是提供一种旅游产品，其基本特征——旅游与白洋淀社区的结合，也即社区与旅游区在空间范围、旅游资源、活动内容上保持着较高程度的一致。白洋淀的村庄、村民以及生产生活的方方面面都是旅游构成要素。

（二）健全社区居民参与机制

实现社区发展与白洋淀生态环境保护的同步，政府管理部门必须扭转把社区居民排除在外、甚至把二者对立起来的传统环境保护思维，开辟社区参与的渠道，积极赋权，同时，也要千方百计地提高居民社区参与的能力，推动社区参与走向制度化、组织化、规范化。

1. 建立社区共管共治机制

社区参与国家公园规划管理是国外国家公园普遍做法，也是我国国家公园建设中努力的方向。相对于西方国家而言，我国社会组织和民间自组织对政府具有较强的依附性，基层民众的民主意识也较低，目前乃至今后较长时期内仍会处于强政府弱社会的发展阶段。国情决定了社区参与白洋淀规划与管理的规范化建设是一个渐进的过程，一套明晰、精准、具体、有效的社区参与机制的形成需要较长时间。而社区共管共治更多地会表现为社区的知情权、建议权、监督权等，而不是表决权。

（1）在白洋淀规划制定过程中，加强社区咨询。制定并实施一套明确的社区参与规划流程。在规划审核阶段，就规划涉及的主要问题、相关议题，规划制定部门应通过线下召集专题会议、线上发布等形式征集当地社区的意见和建议，并根据集中反馈的意见、社区发展计划制定政策。而后，在网站和公共图书馆、信息中心、社区公开规划内容，二次征求意见并进行修改，然后提交相关部门审查。社区参与规划主要体现为，帮助制定规划政策、制定并提交自己的社区计划。

（2）鼓励白洋淀社区自组织发展，提高社区参与的组织化程度。民间自组织作为社区利益代表，能广泛调动社区力量，在与政府互动过程中，形成参与的合力，有助于培养社区自主参与意识、提升社区参与的能力，应成为社区参与的重要主体。目前，白洋淀社区自组织数量不多，但对景区的规划、运营过程产生了影响，是一种居民"真参与"的形式，已成为管理部门规划制定特别是政策落实的辅助力量。比如，白洋淀船工自组织在景区进行重大决策时，船工代表就白洋淀旅游相关议题提出建议与意见，提高了决策的科学性；圈头乡光淀村芦苇保护和利用小组，致力于白洋淀芦苇有序、有度、合理采收，旨在切实保护好、利用好白洋淀芦苇资源，促进经济发展与白洋淀生态修复、保护有机结合；赵庄子、王家寨等旅游重点村村民自发成立的"村民旅游委员会"等组织，负责维护村中环境卫生、旅游秩序，协商决定餐饮、住宿价格，协助景区管委会管理。今后，应继续大力鼓励组建与政府紧密联系但有一定自主性的自组织，支持其不断成长为白洋淀治理的重要力量。

2. 持续开展淀区居民环保宣传教育和技能培训

授人以鱼不如授人以渔。宣传教育和技能培训是提高社区居民特别是弱势群体旅游参与能力，改变白洋淀旅游发展中社区及其居民的劣势地位，增加旅游收益和获益的最直接有效方式，也有利于社区旅游参与的可持续性。社区居民的宣传教育与培训应由雄安新区生态和环境保护部门领导和规划，分别由安新、雄县旅游管理部门负责牵头实施，定期进行。

（1）开展白洋淀环保宣教。借助环保组织、高校、相关研究机构等力量，让居民深刻认识到白洋淀湿地生态环境保护的重要意义，树立人与环境共存共生共荣意识。最主要的还是帮助农民建立垃圾分类处理、废物循环利用、节能减排的生活方式和绿色生产方式，增强农民自主治理能力。

（2）讲授生态旅游环保政策。让居民了解生态旅游的发展前景，清楚国家政策鼓励、支持的方向和环保标准要求，确立旅游参与的方式、项目。

（3）传授生态旅游从业相关技能。指导居民将其空闲民居改造成农家旅馆开展接待活动；实地开展景区导游、景区及宾馆服务人员的培训，增强就业能力；指导农民发展生态种植、生态养殖；为当地从事传统苇编工艺以及其他旅游纪念品经营的居民及时提供市场需求、工艺等方面的培训，提高旅游商品的市场欢迎度和增值收益。

3. 健全居民生态收益分享机制

居民从保护生态中获得合理收益，才能形成自发参与白洋淀生态保护与发展的内生动力。立足白洋淀生态保护的迫切需求，生态产品价值实现机制应有新突破，让生态环境保护者从多个渠道得到更大的生态保护收益。

（1）对淀区苇地管护行为实施生态补偿。白洋淀有12万亩苇地，过去苇编制品能给居民带来较大的经济效益，对苇地的管理比较用心，但随着苇编手工制品的市场萎缩，苇地已经成为居民的负担，因而出现苇地无人管理、收割的现象。为防止芦苇对水环境的污染，近几年来都是由基层政府组织收割，这种管理方式不利于调动当地居民保护苇田的积极性。芦苇既是白洋淀自然风貌的重要组成部分，又是白洋淀湿地生态系统的主要物种，有固碳的生态功能，是鸟类的重要栖息地，具有重要的旅游价值和生态价值，其长期有效保护应依赖于有管护经验的苇地承包者。因此，应对苇地生态价值进行核算，并通过政府购买生态保护服务方式，以合理的购买价格调动每一个苇地承包者苇地管理的积极性。或者采用地役权方式，签订协议，明确苇地承包者权利义务，形成管理村民行为的正负面清单并与之配套的直接生态补偿和惩罚措施，把保护的成果直接转化为收益，让当地居民从芦苇保护中普遍受益。

（2）建立白洋淀产品质量标准和标识体系，打造白洋淀区域品牌，突出其绿色生态主题。允许符合白洋淀功能定位和产品质量标准的产品无偿使用该标识，推动白洋淀淀区及周边社区形成以生态旅游为核心的包括生态农业、生态养老等产业在内的生态友好型产业体系，使绿色产业生产经营者获得明显的增值和更好的市场销售前景。

（3）利用供销合作社线上线下系统打造白洋淀生态产品交易平台，依靠互联网、物联网、大数据的运用，降低生态产品生产、交易、消费门槛和成本，促进生态农产品市场的不断发展壮大，把生态环境优势转化为生态产品优势，为当地居民创造更高的收益。

（4）优化白洋淀旅游经营收入分配机制。每年应按比例从景区（公园）经营收入中提取社区发展资金反哺社区，按照"人均＋户均"方式，对淀区村民实施差异化补偿，通过现金直补、教育基金、养老基金等形式改善原住民生活质量，提高公共福利水平，让没有直接参与旅游的社区居民也可通过利益的二次分配分享旅游收益。

五、建立健全以增强白洋淀教育功能为目标的解说教育服务体系

白洋淀拥有完整的湿地生态系统，丰富的动植物物种，悠久的历史文化，富有感染力的红色文化，是进行生态教育、红色教育、历史教育的好去处。但在长期的旅游发展历程中，以自然风光游览为主，教育功能极大缺失，与国家公园这一未来定位有较大差距，必须建立一套有目的、有规划、有规范的解说与教育服务体系，尽快补上这一短板。

（一）解说与教育服务——国家公园不可或缺

从全球范围来看，解说与教育服务都是国家公园管理体系的重要组成部分。通过为游客提供深刻而有意义的学习及娱乐体验，引导游客规范个人行为，呼吁人们保护国家公园资源，可极大提升游客对公园环境资源的保护意识。

公园解说与教育服务包括向导式解说、自导式解说和教育项目。其中，所谓向导式解说也即人员服务，就是由公园员工参与的解说服务，主要形式有游客中心服务、正式解说、非正式解说及艺术表演等[1]。其特点：灵活性、双向交流性和地域局限性；自导式解说即非人员服务，是没有公园员工参与的媒体性设施，主要包括室内展览和展品、路边展示、路标、手册、网站等，通过文字、图片、视频、语音和示例等手段与游客交流，增强游客的环保意识或引导游客行为。自导式解说虽不具有双向交流性，但不受地域局限；教育项目是专门针对特定人群设置的关于公园各种资源相关知识的线上线下课程、公园体验活动。美国的西奥多·罗斯福国家公园的教育项目是主要针对青少年开展的公园课堂，包括远程网络课程、亲子教育项目、少年骑兵项目，为青少年提供了一个将课堂教育与实践结合的学习机会。

（二）白洋淀解说与教育服务体系建设原则

1. 以教育为目的

国家公园的解说与教育服务功能增强游客的旅游体验，其目的是实现公园的环境教育和文化教育功能。所以，无论是自导式解说、向导式解说还是

---

[1] 王辉，张佳琛，刘小宇，等.美国国家公园的解说与教育服务研究——以西奥多·罗斯福国家公园为例[J].旅游学刊，2016（5）.

教育项目尽管表现形式不同、载体不同，但都是要围绕以下几点展开：公园土著的历史文化与风土人情；地质地貌的科学知识；有关重要野生动植物的生物生命科学知识；当地革命精神，主要是抗日历程、英雄人物、故事。

2. 专业性

高质量的解说与教育服务能为游客提供可理解的、有价值的服务项目，帮助他们认识和理解国家公园的资源、公园的功能、发生的事件，引导他们意识到国家公园存在的真正意义[1]。这需要专业的人来做。一是由专业的规划机构来编制专门的解说与教育规划，明确解说与教育的对象、内容、形式等，并严格执行。二是要有专业的解说队伍。掌握公园所有场地、主题、娱乐活动以及相关操作的专业知识，对解说对象和内容有深刻的理解，能清晰地描述解说内容，回答游客的专业问题，结合旅游体验活动，帮助游客实现深度旅游。

3. 有效性

公园解说与教育的主要目的不是指导，而是激发听众[2]。因此，不但要有丰富的内容，还要运用各种有趣味性的手段。解说与教育的内容应以客观景物为基础，引申出各种事件、故事等，可涉及音乐、影视作品、文学等方面，抑或用科普的内容来吸引游客的注意，增加趣味性。总之，是一种发散的解说，而不仅仅局限于对景物的基本介绍。从表现形式来说，要多样化。比如，公园内的解说牌除了要设置合理、设计精美、特色突出，有艺术感和文化气息外，还要用照片、图画、诗歌等丰富形式为载体来体现，尽量避免大段落的文字叙述，让游客更加轻松地阅读，这样更有利于加深游客对内容的记忆。

（三）白洋淀解说与教育服务体系建设路径

白洋淀解说与教育服务体系建设是一个系统工程，涉及规划、教育项目、服务设施、解说队伍、评估机制等内容，承载着白洋淀自然风貌和人文历史知识的融合传播重任。成功的解说与教育服务将引领白洋淀旅游从传统观光

[1] 王辉，张佳琛，刘小宇，等.美国国家公园的解说与教育服务研究——以西奥多·罗斯福国家公园为例 [J].旅游学刊，2016（5）.

[2] 郑紫薇，池梦薇，潘明慧，等.基于深度旅游的解说系统优化——以加拿大落基山脉国家公园群为例 [J].中国园艺文摘，2017（1）.

游向深度旅游迈进：当游客感动于白洋淀"北国江南"之美时，也了解了其特有地貌的成因；当游客观赏野生动植物时，也懂得了生物生命科学；当游客了解人文历史事件时，也能铭记历史、尊重历史、客观看待世界。

1. 编制高水准的解说与教育专项规划

首先是选择专业的规划机构。适应雄安新区高质量发展要求，在全国乃至全球范围内通过招标、竞争性谈判等方式公开选择有湿地公园规划经验、能力强的规划机构或联合规划团队，确保规划编制的世界眼光、中国特色、高点定位。其次要对白洋淀湿地现有资源进行全面调查梳理，对游客群体需求进行深入的调研分析，把握游客想要来这里了解什么、感受什么以及现有资源可以吸引到哪些游客，以便规划机构设计出适应湿地资源供给、满足游客需求的解说与教育项目。

2. 健全解说与教育服务设施

一是增加室内展示。在游客服务中心设置淀区历史发展变迁的展厅。利用图片、实物、文字、视频等形式展示淀区不同历史时期发展的样貌，让游客了解白洋淀环境变迁及其对经济社会的影响，向人们传递环境保护的重要意义；增设野生动植物室内展览，展示淀区生物的多样性，传授野生物生命科学知识，通过讲解和有趣的活动，将特别、有趣的湿地植物和动物展现眼前，向游客进行一次科普宣传；增加红色文化展示平台。组织与抗日战争、解放战争、抗美援朝相关的文化类村庄将历史人物或英雄人物的事迹挖掘并整理出来，利用村中闲置房屋进行改造，设置村史馆或文化展馆[1]。二是完善白洋淀旅游网。网络打破了地区和人群限制，可以将白洋淀教育功能影响范围延伸到全国。白洋淀旅游网建设还处于起步阶段，要以旅游发展和生态保护双主题为引领不断完善网站内容和形式。在现有人文故事、风土人情、旅游资源介绍的基础上增加更多淀区动植物科普、生态治理内容；从表现形式来看，在现有文字、图片基础上应更多地利用视频手段，生动地展现白洋淀自然风貌和淀区文化，增强内容的感染力。三是健全景区船载广播、语音导览器等设施；改进景点解说牌，用图片、故事等提升自导式解说，提高解说媒介的有用度和易用度，向公众免费提供可听可看、易于记忆的环境解说服务。

---

[1] 郝红岩.白洋淀红色资源保护研究[D].石家庄：河北经贸大学，2018.

3. 有针对性地设置教育项目

白洋淀教育资源丰富，可以构建线上线下教育体系，主要面向青少年和党员干部，开展生态环境教育、生命科学教育、历史文化教育和红色教育活动。

（1）远程网络课程。白洋淀管理机构可与保定学院白洋淀研究中心、安新县白洋淀历史文化研究院、河北大学白洋淀流域生态保护与京津冀可持续发展协同创新中心等白洋淀研究机构组织以及淀区手工艺品制作者等合作，发挥各自的专长，按不同的主题为不同年级的青少年设计并提供远程网络课程。

（2）亲子教育项目。亲子教育项目是以家庭为单位提供的游戏或活动，创造一个以家庭为中心的新学习情境。可与淀区村庄合作，演示并提供家庭参与芦苇、荷叶等资源实际利用过程；也可组织家庭与摄影爱好者一起参与白洋淀拍摄活动，或与天文爱好者一起参加夜间星象观察活动，或与当地渔民冬季冰上垂钓等。切实感受湿地之美以及对人类的供养。

（3）小生态管护员项目。环保教育要从孩子抓起。可主要面向小学生设计并推出"小生态管护员"项目。邀请一些对湿地感兴趣的学生加入，在淀区完成一系列生态管护活动，学习湿地各种资源的相关知识，并把他们的所学所感与管理人员分享，从而受到一次良好的环境教育。

（4）爱国主义教育活动。针对广大党员干部，以白洋淀雁翎队纪念馆、打保运船遗址、圈头烈士祠、村史馆等为依托，以专业人员解说和当地群众叙述为辅助，打造抗日革命教育活动。全面深刻地了解白洋淀革命过程，牢记白洋淀人民的英勇抗敌精神，弘扬朱德、杨成武、吕正操这些在白洋淀战斗过的老一辈革命家的革命情怀、人民情怀；针对中小学生，以嘎子村和电影《小兵张嘎》为依托，宣传嘎子精神，教育孩子们从小要勇敢，要珍惜现在的幸福生活。

4. 建立一支高素质的解说队伍

一支专业高素质的解说人员队伍是国家公园解说与教育体系不可或缺的一部分。它应该由景区的在编解说员（导游）、季节性的解说员、志愿者及专家学者等组成。这些人员都要经过专业的培训，达到国家公园管理部门规定的标准。白洋淀解说队伍建设关键做好两点：一是提升景区导游解说水平。一个高水平的景区导游不仅仅是将培训的内容转述给游客，千篇一律。而是能将该景点的自然、文化、历史融合在一起，辅以亲身的游玩经历，为游客提供不同以往的旅游体验。因此，要鼓励导游以游客的身份在景区游玩，更准确地了解游客的兴趣点和盲点，带领游客真正融入当地人的生活起居，实现深度旅游。二是建立季节性的解说员、志愿者及专家学者数据库。借助外部力量向游客提供季节性、有针对性、个性化解说与教育服务，回答游客的一些专业性问题，满足旅游旺季、专业性较强的教育项目的需要。

5. 建立解说与教育评估机制

解说与教育评估指的是结果评估，其目的不是为了奖惩，而是为了不断改进和完善解说与教育服务规划及执行过程。可利用问卷调查游客的满意度，具体评价方法可参照国外国家公园的做法，例如抽样法、结构化观察法、游客跟踪法和焦点小组法等。也可定期向工作人员或游客征询有关解说与教育服务的建议，以求持续优化解说与教育规划和执行工作。

六、建立健全以服务于国家公园规划管理为目标的监测体系

国家公园监测体系对于促进国家公园的科学保护、规划与管理至关重要。只有掌握生态系统的动态变化信息，才能进行生态环境质量的分析、管理有效性评估，也才能采取更有针对性的保护措施。如果基线不清，判断标准不明，也就谈不上严格保护。所以，没有监测体系支撑的国家公园保护、规划与管理就是无源之水、无本之木。

长期以来，我国自然保护地监测体系处于缺乏顶层设计的状态。虽然白洋淀自建立保护区以来，特别是雄安新区建立后开展了不少监测活动，但监测数据的科学性、协同性以及对管理的支撑性还有待提高，没有形成满足未来国家公园规划管理的监测体系。应借鉴国外国家公园经验和国内试点地区做法，从监测内容与指标、监测数据的管理与运用等方面进行提升和完善，逐步探索建立一套行之有效的状态监测和有效性监测相结合的监测体系。

（一）合理确定监测内容和指标体系

监测内容与指标是监测体系的重要组成部分，能否建立科学的监测内容与指标体系是决定国家公园监测工作成效的关键。雄安新区建立以来，白洋淀监测手段的信息化、智能化水平得到极大提高，初步建立了"天地淀"一体化环境监测网络，但监测内容主要是以水质、水文监测为主的生态环境监测，监测范围较窄，不能满足未来国家公园保护与管理需要。那如何确立合

理的监测内容与指标体系呢？

从国际上来看，各国国家公园监测内容和指标体系的确定依据不同。考虑到国家公园管理局有限的评估财力、人力状况，美国仅注重对反映国家公园资源总体状态的"关键指征"进行监测，为的是避免监测指标体系过于庞大，并保证其可操作性。这里所说的"关键指征"，是一组相对较少但十分关键且蕴含丰富信息的、可跟踪反映国家公园自然资源总体健康状况所需的最低保障指标。而英国则确立了以使得保护地之所以成为保护地的"价值要素"为基础的国家公园监测内容与指标框架。他们把"价值要素"归结为物种、生境和地质要素三大类，并分别针对其数量、品质、支撑过程等各项关键特质制定具体的监测指标[1]。

受发达国家启迪，且基于我国国家公园评估财力、人力更加有限，白洋淀的生态环境更加脆弱易变的事实，服务于白洋淀国家公园建设管理的监测内容与指标框架的确定要考虑三个方面：一是导致白洋淀生态系统发生变化的主要问题，二是使白洋淀能成为国家公园的价值要素，三是监测的经济性、可操作性。由此，列入长期监测项目的应包括：湿地资源监测——湿地面积、土地利用状况、芦苇监测等；生态环境监测——水质状况、水文系统监测等；物种监测——生物多样性、珍稀野生动植物和鸟类监测；生态教育状况监测。也就是说，要在现有监测指标基础上，增加突出白洋淀特殊地理位置、生境特点、国家公园功能的特定指标进行持续监测。

（二）提高监测数据的管理和转化水平

国家公园监测要有效服务于公园的决策与管理，特别是要为公园管理干预提供早期预警。白洋淀监测活动要达到这一目标，一是提高监测数据的相关性。让白洋淀管理者、科学家共同参与监测目标的制定和监测指标的确定，加强管理者与科学家的合作，使监测活动与规划管理在最初阶段就密切相关；二是保证监测数据的可靠性。监测数据的准确性、安全性，除了依靠监测手段的现代化、监测人员的高素质外，还需要加强监测数据管理，就数据管理方任务及责任、数据质量保障、数据所有权与共享、数据传播等诸多内容作出明确规定。国外的普遍做法是制定监测数据管理指南指导监测的开展，这

---

[1] 彭琳，杜春兰.面向规划管理的国外国家公园监测体系研究及启示——以美国、加拿大、英国为例[J].中国园林，2019（8）.

也是我们今后的方向；三是定期报告，向白洋淀管理者、规划者、学界和公共管理者和公众提供监测结果。通过公开发布资源摘要、数据总结简报、详细技术报告、趋势分析和综合报告等一系列文件，实现监测数据信息的共享和转化利用。

第六章　面向白洋淀国家公园的
环境治理和生态修复

国家公园作为自然保护体系的核心组成部分，其意义是保存和保护具有国家代表性自然生态系统的完整性和原真性，实现重要自然生态资源赓续和代际传承。面对建设白洋淀国家公园的远景目标，我们必须以"功成不必在我"的精神，坚决、持续推进白洋淀淀区及流域环境治理与生态修复，不断恢复、提升白洋淀自然生态系统及景观，重现昔日"华北明珠"的盛景，以凸显白洋淀国家公园的国家代表性、国民认可度。

一、生态保护与环境治理相关理论认知与中国实践

（一）相关主要理论认知

1. 关于污染者付费原则

污染者付费原则是由经济合作发展委员会于1972年提出来的，也可称为污染者承担原则，它要求污染者承担所造成的污染治理和控制的费用，其目的是确定承担环境问题的责任主体，防治环境污染。这一原则一经提出就得到了所有国家的认可，并被很多国家纳入本国环保法律，确立为环保基本原则。其在实践中的运用将污染者外部成本内部化，打破了长期以来环境治理费用全部由财政支付、环境成本全部由纳税人负担的局面，符合成本—收益对称原则，更显公平。受这一思想影响，我国2015年实施的修改后的《环境保护法》将奉行多年的"污染者治理"修改为"损害担责"原则。这里的"损害"，是指对生活也包括生态环境造成的污染和生态破坏。也就是说对环境造成任何不利影响的主体，都要承担环境恢复、生态修复或支付上述费用的法律责任。与以前相比，环境法律责任主体相应扩大，担责方式也扩大。这为我国环境治理模式的创新——污染第三方治理提供了坚实的理论基础。

2. 关于生态资源资产定价

按照普遍的观点，生态资源是一个集合概念，是能被人类用于生产和生活的物质和能量的总称，是人类一切活动的基础。从功能角度看，生态资源除了为人类提供直接生产生活资料外，还能提供调节功能、休闲功能、文化功能和支持功能等生态服务功能。生态资产属于生态经济学的概念，是自然学科与社会科学的交叉学科，其经济属性与社会属性的重叠决定了必须要将其分为经营性资源与公益性资源，并且采用不同的管理和利用方式。经营性资源资产要探索成立专门的资产运营公司，设置现代企业制度，独立于资产管理部门，构建监管体系，探索国家所有权、经营权与监督权的分离。公益性资源资产则主要以生态环境功能为核心，国家级的公益性资产由中央政府直接管理。

对于国家公园来说，单一的来自政府财政的生态补偿不能解决原住民的生存和发展问题，要求探索生态产业发展机制和生态产品市场化机制，促进国家公园生态产品价值的实现，形成多元化的融资和生态补偿。而生态资源只有先通过核算体系确立为生态资产，然后才能通过市场力量转化为生态资本。所以，生态资源资产合理定价是完善国家公园治理及其功能工作中十分重要的内容，而产权明晰是生态资源资产进入市场交易的前提，也是国家公园生态资源权责制度、生态补偿机制和资源有偿使用的基础。

（1）生态资源资产定价方法。当前，有关生态资源资产定价经典理论、方法大都植根于国外私有土地权属和物权情况，且整体上看体系不够清晰，较为碎片化，实操性差。中国特色国家公园生态资源资产定价，要立足中国特色社会主义理论，在借鉴国外经典理论、方法基础上，加强具有可操作性定价方法的探索，要从系统观的角度出发，统筹考虑中央和地方、市场和政府、经营者和消费者等相关方面因素。

（2）政府与市场在生态资源资产定价中的作用。从本质上看，市场在生态资源资产定价中发挥决定性作用，政府发挥指导和监管作用。一方面，生态资源资产的价格在市场上由供求双方进行充分的博弈，另一方面，政府通过定价政策和公开透明的价格信息供给构建支撑保障体系，二者各自发挥优势，促成资源资产价格机制科学构建以及合理的生态资源资产价格形成。

（3）生态资源资产产权制度。我国国家公园体制建设正在稳步推进，其中管理重叠和治理缺位方面历史遗留问题较多。要以资源权属界定为契机，科学处理所有权、经营权和收益权三者关系，加快构建分类科学的国家公园生态资源资产产权体系。

3. 关于生态补偿

从经济学发展历程上看，现行经济体制大部分深受新古典经济学架构的影响，弱化了古典经济学中的自然资本价值。尽管环境因素已经在经济增长中占有一定比重，但它只是作为劳动力和技术的内部参考指标，没有得到充分重视，而资本、劳动力和技术仍是经济增长驱动的主要研究因素。正是这种忽视导致在发展进程中出现了环境污染、生态资源枯竭等诸多问题。从生态补偿的发展实践历程看，人们对生态补偿的认识从最开始的"破坏赔偿"发展到如今的"保护受益"。在补偿方式上也从单一的法律罚没、行政罚款、转移支付等行政手段到"行政—市场"多措并举（图6-1）。

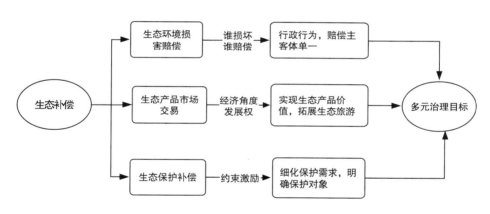

图 6-1　多元生态补偿机制

（1）基于利益相关者理论的生态补偿主体确定。从制度设计的角度看，生态补偿的主客体应由法律条文进行界定。在法律层面，生态补偿的主体应是对生态环境和自然资源负有保护职责和义务，并且依照生态补偿法律规定需要提供技术、物资、补偿费用等的政府、社会组织和个人；生态补偿的客体也即受偿者，是向社会提供生态服务，从事生态环境治理和保护，理应得到相应资金补偿或政策优惠的组织和个人。法律规定主要是负向激励，并不能体现生态保护的外溢价值，特别是在补偿客体的确定上，往往不能让真正践行者受益。实践中，生态补偿的主客体要比法律规定的情况复杂。因此，有学者提出了通过利益相关者理论来对补偿主客体的利益诉求进行系统性分析，得到了理论界和实践界的高度重视。所谓利益相关者理论就是在既定生态建设目标下，将相关利益主体的利益分配进行协调和管理，合理平衡各利益相关主体的利益诉求，实现可持续的长远发展（图6-2）。

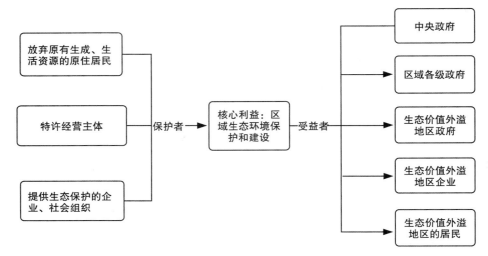

图6-2 区域生态保护利益相关者

就白洋淀国家公园而言，主要利益相关主体包括国家公园管理局（含白洋淀省级湿地自然保护区、白洋淀风景区、白洋淀国家级水产种质资源保护区）、雄安新区管委会、保定市政府、安新县政府、雄县政府、容城县政府、高阳县政府、任丘市政府、NGO组织、相关经营主体和当地居民及社会公众（表6-1）。

表6-1 利益相关者及其职责

利益相关者	诉求	职责
国家公园管理局	受中央政府委托，代表社会公众的利益对白洋淀国家公园内的资源实施管理	负责国家公园日常管理等
属地各级政府部门	根据权责划分的要求，履行生态保护义务，同时要满足地方居民生产、生活及高质量发展的需求	处理好发展与保护的关系，促进居民及地方经济发展
当地居民	改善环境和生活质量，提高收入水平	参与国家公园公管与休憩经营
NGO组织	参与监督	监督国家公园运行，宣传环保和生态理念
特许经营方	获取经营收益	保障公园生态安全与环境质量，保障游客安全，满足体验要求
游客	获得游憩、亲近自然的体验	遵守相关管理规定

（2）基于博弈论的生态补偿制度安排。研究生态补偿决策过程中不同

利益主体通过协商谈判共同实现核心目标过程中权责平衡问题，博弈论应该是重要工具。在生态补偿的实践中，每一个行为主体都会从自身利益最大化角度出发做出自己的最优决策。同时，有趋同利益的主体之间会形成联合体，有相反利益的主体之间则会产生对抗，特别是在生态补偿范围、补偿标准、补偿金额等核心问题上，如果没有基于充分博弈的制度安排，最终核心目标难以有效实现。从我国生态补偿的实践看，各级政府为了提高核心目标的实现效率，在生态补偿博弈过程中常常充当"中间人"的角色，平衡各行为主体的利益诉求。因此，在跨区域的生态补偿制度设计上，特别是流域的生态补偿，必须充分考虑协调不同区域之间的密切影响和利益冲突。

（二）我国实践

1. 建立以自然保护区为主体的自然保护地体系

自然保护地体系建设在维护国家生态安全的战略中是最为重要的内容，也是我国在生物多样性保护实践中最有效的举措。2019 年 6 月，中共中央办公厅、国务院办公厅印发的《关于建立以国家公园为主体的自然保护地体系的指导意见》中明确指出："自然保护地是生态文明建设的核心载体、中华民族的宝贵财富、美丽中国的重要象征。"我国几乎具备了世界上所有的生态系统类型，是世界上物种多样性最丰富的国家之一。这给我国带来了种类多样独特的自然文化景观，同时也导致了我国自然保护地在资源类型、体系结构、资源价值、功能定位方面呈现明显的复杂性。新中国成立以来，国家结合国情逐步构建了一套自然保护地管理体制。这种管理体制以属地管理为核心，条块之间分工协作。

我国自然保护地的实践探索先于理论研究，相当长的时间内，有关自然保护地的各项政策性文件中并未对自然保护地的概念进行官方界定。理论界倾向于认为我国"自然保护地"是一个包容性概念，包括国家公园、自然保护区、风景名胜区等多种类型。直到 2013 年起草的《自然保护地法》专家建议稿中阐述了自然保护地的范围框架，2019 年，中共中央办公厅、国务院办公厅印发的《关于建立以国家公园为主体的自然保护地体系的指导意见》中明确指出："自然保护地是由各级政府依法划定或确认，对重要的自然生态系统、自然遗迹、自然景观及其所承载的自然资源、生态功能和文化价值实施长期保护的陆域或海域。"

实践中，20 世纪 50 年代以前，我国与自然保护地相关的概念主要有公园、园林、风景区、名胜古迹等，这些地域的主要功能是供人们观光游览、避暑度假和休养疗养。20 世纪 50 年代以后，我国开始创立以保存生态系统原生状态、建立实验基地和动植物种类保护为主要目的的自然保护区。1956 年建立了第一个自然保护区——广州鼎湖山国家级自然保护区。1979 年我国出台《环境保护法》，其中，扩大了环境保护的范围，增加了自然保护区、名胜古迹区和风景游览区等。之后，各政府职能部门根据自身业务分工和行业特点，从 1982 年开始，陆续批建了风景名胜区、森林公园、地质公园、湿地公园、沙漠公园等不同类型的自然保护地，其中多数区分了管理层级（国家级、省级、市级和县级）。经过 60 多年的努力，我国已建立数量众多、类型丰富、功能多样的自然保护地，截至 2017 年，自然保护地共计 9445 处（包含自然保护区、风景名胜区、森林公园、湿地公园、地质公园、水利风景区、海洋公园和沙漠公园等 8 类），总面积约为 202 平方千米，占陆地及海洋总面积的 16% 以上，其中国家级自然保护地总数为 3728 个 [1]。

长期以来，以自然保护区为主体的保护地体系虽然在管理中存在这样或那样的问题，但还是对我国自然生态系统修复、生物多样性保护发挥了重要作用。为了解决自然保护地管理缺陷，我国在 2019 年已经确立了以国家公园为主体的自然保护地新体系。

2. 我国生态补偿历史演进

生态补偿是一种经济激励措施。与传统的命令控制性手段相比，经济激励手段具有明显的绩效优势和更强的正向激励作用，因而越来越受到人们的关注 [2]。

从发展历程看，我国生态补偿的研究与探索经历了从生态学层面到经济学层面的转变。国内最早的生态补偿概念由张诚谦于 1987 提出，他指出："所谓生态补偿就是从利用资源所得到的经济收益中提取一部分资金并以物质或能量的方式归还生态系统，以维持生态系统的物质、能量在输入、输出时的

---

[1] 自然保护区数据来源于《中国环境状况公报》，风景名胜区数据来源于住房和城乡建设部《中国风景名胜区事业发展公报》，森林公园数据来源于中国森林公园网 http://www.gjgy.com/，湿地公园数据来源于湿地中国官网 http://www.shidicn.com/，地质公园、海洋公园数据来源于自然资源部官网 http://www.mnr.gov.cn/，沙漠公园数据来源于国家林业和草原局官网 http://www.forestry.gov.cn/。

[2] 毛显强，钟瑜，张胜.生态补偿的理论探讨 [J].中国人口·资源与环境，2002（4）.

动态平衡。"[1]1992 年联合国环境与发展大会后，我国进入主动基于环境损失赔偿的理论探讨阶段。在经济发展和环境保护矛盾日益突出的大背景下，随着一系列重大生态工程的陆续实施，国内各方面生态意识不断提高，环境生态补偿逐渐从理论探讨转向实践应用，开始重点关注对生态环境保护者进行补偿。

现阶段我国生态补偿含义与国际上的"生态系统服务付费（PES）"比较接近，其实质在于调动生态资源保护者的积极性。由于生态环境的保护者往往不能因为提供各种生态环境服务而得到补偿，因此对提供这些服务缺乏长期坚持的积极性，通过生态补偿向生态环境保护者支付费用，可以激励其保护生态环境的行为。目前，国内较为成型的基于市场化理论衍生出的生态补偿方式主要是政府购买生态服务和碳汇交易。政府购买生态服务是指政府通过市场机制，把生态服务职能按照既定的方式和程序委托给社会力量承担，并支付相应费用；碳汇交易是碳汇建设者稳定增加碳汇量，并在交易规则下获取收益的过程。当然，就生态补偿制度整体而言，还不成熟，生态补偿范围、生态补偿标准等生态补偿的核心问题仍然在探索和完善中。

3. 跨流域生态补偿典范——新安江跨省流域生态补偿

新安江发源于安徽省黄山市，地跨皖浙两省，是浙江省最大的入境河流，经千岛湖、富春江、钱塘江在杭州湾入东海。新安江是千岛湖最主要的输入水源，也是长三角地区的重要水源地和重要的生态屏障。新安江流域生态补偿，是习近平总书记亲自谋划推动的全国首个跨省流域生态补偿试点。2011 年 2 月，习近平在全国政协《关于千岛湖水资源保护情况的调研报告》上作出重要批示：千岛湖是我国极为难得的优质水资源，加强千岛湖水资源保护意义重大，在这个问题上要避免重蹈先污染后治理的覆辙。浙江、安徽两省要着眼大局，从源头控制污染，走互利共赢之路[2]。

（1）新安江流域发展诉求存在差异。平衡发展与保护、进行利益协调是流域生态补偿机制的核心问题。新安江的上游是安徽黄山市，下游是杭州的淳安县和建德市，一条江水的上下游，经济发展情况相差较大。浙江省经济发展起步早、发展快，很早就开始探索环境与经济发展的平衡关系，注重

---

[1] 张诚谦 . 论可更新资源的有偿利用 [J]. 农业现代化研究，1987（5）.

[2] 中共中央组织部 . 贯彻落实习近平新时代中国特色社会主义思想在改革发展稳定中攻坚克难案例（生态文明建设）[M]. 党建读物出版社，2019 .

重要生态资源的安全问题，是习近平生态文明思想的重要实践来源。早在2002年底，浙江省就提出了生态省建设战略，2003年提出的"八八战略"中将创建生态省作为重要组成部分。2005年，时任浙江省委书记的习近平在安吉总结提出"绿水青山就是金山银山"的理念。安徽省经济发展与浙江相比较为落后，经济发展提速的愿望更迫切。新安江源头的黄山市，人均耕地不足1亩，"靠水吃水"的水产养殖是许多家庭的传统生存方式。据统计，2010年黄山市规模以上的工业企业590户，只占安徽省的4%，全市工业增加值约为101亿元，只占安徽省的2%，排名在安徽16个地级市中倒数第三[1]。同时，在发展进程中，苏、浙等发达省份出现了沿海地区制造业工厂内迁的潮流，黄山市一方面受到这一难得发展机遇的吸引，要推进黄山人的致富，另一方面又要确保流入千岛湖水质的底线，新安江环保在浙、皖两省相左的利益诉求中变得踟蹰。可以说，在新安江的治理问题上，最初上下游地区对流域生态的长远利益认知并不统一，特别是对流域生态补偿的整体性目标、协同性概念的认知不清晰。浙、皖两地在保护进程中，往往以行政领域划分为职责界限，流域治理保护的整体性矛盾突出，特别是跨区域协调难度大。

（2）新安江生态补偿实践。2012—2020九年间，在中央的大力推动和领导下，在浙、皖两省的共同努力下，以创新发展为引领，新安江跨省流域生态补偿制度在实践中不断走向成熟，一江清水得以流进千岛湖。其主要做法，一是构建权责清晰的补偿机制框架，做好顶层设计。新安江是皖、浙两省和杭、黄两市的公共品。2007年财政部、原环境保护部多次组织皖、浙两省开展不同层面的沟通磋商，研究建立生态保护补偿机制。2011年9月财政部、原环保部联合下发了《新安江流域水环境补偿试点实施方案》，明确要求新安江上下游流域省份以协议的方式明确各自职责与任务。浙、皖两省认真落实《新安江流域水环境补偿试点实施方案》，经过多轮谈判会商，三次签订《新安江流域水环境补偿协议》《关于新安江流域上下游横向生态补偿的协议》。安徽省更是将新安江生态环境综合治理作为本省生态强省战略的"1号工程"。在生态补偿资金方面，财政部、原环保部协调制度的实施，并由中央财政每年转移支付3亿元生态补偿资金。同时，浙江、安徽两省实

[1] 安徽省统计局，http://tjj.ah.gov.cn/。

行"亿元水质对赌"机制，两省各拿出1亿元作为奖惩资金，两省在新安江交界点共同设置监测点，每年采用统一的监测方法、统一的监测标准和统一的质控要求开展水质联合监测，在水质达标的情况下浙江拨付给安徽1亿元生态补偿资金，若水质不达标安徽拨付给浙江1亿元资金。在顶层整体框架明晰的前提下，黄山市出台流域综合治理方案，构建了横向到边、纵向到底、有机衔接的目标任务责任体系。特别是在流域断面水质考核和治理资金使用方面，制定了成体系的规范方案，形成了上下游联动、三级行政协同的责任落实机制。据统计，新安江干流和支流102个入河排放口全部进行了截污改造，全流域综合治理累计投入126亿元，总金额已经远远超过了生态补偿资金。二是加强流域协同共建，打造信息共享的合作共治平台。按照"保护优先、河湖统筹、互利共赢"的原则，浙、皖两省分别建立多个层级联席交流会议制度。浙、皖两省联合编制了《千岛湖及新安江上游流域水资源与生态环境保护综合规划》，浙、皖两省政府作为该规划实施的共同责任主体，共同承担规划目标和重点任务的落实。部门之间定期或不定期地举行交流活动，建立起相互信任、合作共赢的良好局面。杭州市与黄山市共同制定《关于新安江流域沿线企业环境联合执法工作的实施意见》等文件，两市在环境执法领域达成了高度共识，构建起防范有力、指挥有序、快速高效和统一协调的应急处置体系。淳安县与黄山市歙县共同制定印发了《关于千岛湖与安徽上游联合打捞湖面垃圾的实施意见》，并建立每半年一次的交流制度，通报情况，完善垃圾打捞方案。三是树立系统治理观，联手推进流域山水林田湖草整体保护。浙、皖两省坚信新安江上下游是利益攸关的共同体，牢固树立系统治理观念，协同推进流域生态保护。黄山市实施千万亩森林增长工程和林业增绿增效工程，下游淳安县同步严格源头生态保护，开展封山育林，两地森林覆盖率同步都达80%以上；在种植业污染防治上，黄山市大力推进农业面源污染治理，在全省率先建成农药集中配送体系，并建立渔民直补、转产扶持、就业培训等退养后续扶持机制，下游淳安县除保留300亩老口鱼种和200亩科研渔业网箱外，全县1053户、2728.42亩网箱全部退出上岸；黄山市大力推进农村改水改厕工作，以农村垃圾、污水PPP项目为抓手，因地制宜、分类推进农村环境综合整治。下游淳安县同步推进集镇农村治污工程，建成污水管网2991千米，农户纳管率由2013年的30.9%提高到目前的85%。

（3）新安江生态补偿启示。新安江跨省流域生态补偿制度经过了实践检验，得到了中央的肯定，其经验值得其他流域和省份学习借鉴。一是牢固树立生态共同体意识。浙、皖两省以习近平同志关于千岛湖的重要批示精神为指导，坚决贯彻党中央、国务院部署要求，进一步加大工作协调力度，推动上下游地区不断统一思想认识，促进发展理念转变。两省确立共同体意识、一体化行为准则，形成休戚与共的命运共同体、利益共同体、责任共同体、文化共同体，建立"杭黄生态文明创建共同体"。二是科学划分中央与地方财政事权和支出责任。对于维系区域生态环境安全具有重要意义和生态外溢性强的跨省界生态系统，应将其保护治理作为中央和地方政府的共同事权。一方面地方政府对辖区内的生态环境质量负责，另一方面中央要对跨部门协调机制开展顶层设计，统筹构建流域生态保护补偿政策框架，为流域保护治理提供强有力的政策保障。三是制定系统的生态保护补偿机制。安徽与浙江同属长三角一体化、"一带一路"等国家战略交汇叠加之地。两地在中央相关部委的指导下，深入构建了一整套联防联控与共保共建的体制机制。皖、浙两省从省、市、县到部门之间，定期或不定期地举行互访、沟通和会商等交流协作活动，就保护和治理的责任与补偿问题构建了联保共建机制，以生态补偿对接会商为契机陆续实施了多项重大发展合作项目，从"共饮一江水"迈向"共建共享一个圈"，从水的治理合作迈向更广领域的多维合作共建。

4. 市场化生态补偿案例——河北丰宁森林碳汇交易

碳汇交易是生态补偿市场化的重要途径，森林碳汇市场是国内起步较早，发展较为成熟、规范的交易体系[1]。从行政划分上丰宁满族自治县隶属河北承德市管辖，从地理位置上看丰宁位于承德市西部，北接内蒙古，南邻北京，西连张家口，是串联京蒙的重要通道。从地形地貌上看，丰宁县地处燕山北麓和内蒙古高原南缘，地势由东南向西北呈阶梯状增高，分坝下、接坝、坝上三个地貌单元。坝下地区河谷较多，林木茂盛，坝上地区平坦广阔，风景优美。丰宁满族自治县有潮河、滦河、牤牛河、汤河、天河5条主要河流，其中潮河、滦河是密云水库和潘家口水库的重要水源，分别占入库水量的56.7%、13.6%。千松坝林场是"再建三个塞罕坝林场"项目之一，是丰宁县最主要的森林资源涵盖地，包括京北第一草原、千松坝、汤河源－

---

[1] 我国 1998 年签署《京都议定书》，其中确立的清洁发展制（Clean Development Mechanism，简称 CDM）允许签署国通过对发展中国家的森林再造以增加森林碳汇项目，再帮助其完成在《京都议定书》中承诺的减排任务。

燕山大峡谷、云雾山以及白云古洞五个片区，总面积8450平方千米。千松坝森林公园内森林资源质量优良，参照《中国森林公园风景资源质量等级评定GB/T18005—1999》的评分标准，森林资源得分为41.9分（满分50分），为一级资源。

（1）京冀合作推动丰宁森林碳汇交易起步。丰宁地区是京冀地区重要的风沙防护带和水源涵养地，每年为京冀地区输送优质水源22亿立方米，生态屏障功能突出。河北丰宁也是较早探索林业碳汇领域的地区，早在2000年，丰宁县启动了防沙林业建设项目，在项目建设过程中，一些国外援助专家建议丰宁利用清洁发展机制开展碳汇造林[1]。但由于国内没有相关政策制度支撑而搁浅。此后，我国加快顶层设计步伐，中央政府积极谋划清洁发展机制，2002年全国人大常委会推出《中华人民共和国清洁生产促进法》，限制诸多行业的碳排放。2005年国家发改委、科技部、外交部、财政部4部门联合发布了第一版《清洁发展机制项目运行管理办法》[2]，明确了发展机制项目的建设、审批、交易等一系列手续和管理部门。在组织机构方面，从2008年起中央开始在地方政府试点碳排放交易所，北京、上海、天津、河北、安徽、广州、大连、杭州、武汉等地分别成立了交易所，另外还有一些地方政府设立了碳交易平台。在中央政府顶层设计明确的情况下，2006年丰宁就一马当先，正式启动了碳汇造林项目，选址位于具有京津水源涵养功能的核心区——潮河、滦河发源地。项目由千松坝林场、当地村和农牧场共同建设，林场出资，村和农牧场出土地，林地设计面积2610平方千米。2014年京津冀协同发展上升为重大国家战略，给京冀地区的生态补偿提供了重大政策红利。同年，北京与承德签订了《关于推动跨区域碳排放权交易试点有关事项的通知》，明确提出要优先发展林业碳汇项目，积极利用市场手段推动跨区域生态环境建设。在北京-承德合作框架的前提下，丰宁县集中整合了一些分散的碳汇林业项目，统一定为丰宁千松坝林场碳汇造林一期项目。经过监测核证，千松坝林场碳汇造林一期项目第一个监测期内（2006年3月1日至2014年10月23日）的碳减排量为16万余吨二氧化碳当量。

---

[1] 丰宁县接受了专家的建议，开展了一些碳汇造林项目，但是当时我国林业碳汇尚处于起步阶段，缺少顶层设计，丰宁的碳汇林项目在后期申报过程中因为程序问题而搁浅。

[2] 2011年国家发改委、科技部、外交部、财政部4部门发布了新版《清洁发展机制项目运行管理办法》，原办法废止。

2014年12月18日，北京市发展和改革委员会预签发了9.6万余吨二氧化碳当量，12月30日千松坝林场所属的潮滦源园林绿化工程有限公司在北京环境交易所挂牌交易，当天成交3450吨，成为河北省林业碳汇项目交易第一单，也是京冀跨区域碳汇项目的第一单。此后丰宁陆续与北京市进行林业碳汇交易，截至目前，丰宁已累计实现碳汇交易6.9万吨，库存碳减排量2.6万吨，实现交易额254.5万元。

（2）基于林农利益最大化的收益分配。从产权属性上看，千松坝林场主要是集体和个人所有，国有占比较少，6个国有林牧场只占10%，因此林场建设维护过程中十分重视生态、社会和经济效益的平衡互补。在项目实施中，采取了因地制宜的原则，根据不同地块的土地特性，综合种植林木、草地、药材、林苗等多种模式，既通过树木种植改善生态环境、涵养生态，又要通过项目让当地百姓富裕起来。丰宁林业碳汇交易在成形之前就约定了相应收益分配方案，方案按照"谁建设，谁受益"的原则，总体上看，项目收益主要用于林木的补种、维护，新林的种植和土地补偿等支出。在分配比例上，60%作为合作造林单位、农场、农户的收益，40%用于后期项目维护、税收等费用。在脱贫攻坚的关键期，千松坝林场将可支配的收益也全部拨付给予碳汇林管护、围栏、林路等生态公益性支出。除碳汇交易补偿，丰宁林场依托生态资源，已在辖区40个贫困村发展了旅游专业村10个、农家院100余家，超过1.5万多名贫困人口通过务工、发展旅游项目实现脱贫。

（3）丰宁森林碳汇交易的借鉴意义。丰宁林业碳汇交易对河北甚至是京津冀地区的意义重大，它实现了全国跨区域碳汇交易、河北市场化生态补偿、承德市林业碳汇收益三方面零的突破，具有很强的借鉴意义。一是碳汇交易本质上是"强制性制度变迁"，要加快完善制度设计。碳汇交易是由政策驱动的交易，市场需求主要来源于政府对企业的强制性减排需求，出售主体是审批制，需要得到政府的行政确认。在当前碳达峰、碳中和的背景下，碳汇交易的种类和方式越来越丰富，碳汇体系也需要不断完善和改革，因此在顶层设计明确的前提下，要立足国内减排市场需求和区域生态情况，在参与政策、管理模式、宣传引导及技术支撑方面夯实基础，试点多种机制，构建完善灵活的制度体系。二是碳汇交易是具有多元目标的综合体，要重视保护参与方的利益。碳汇交易是生态林与市场机制的有效衔接，是绿水青山向金山银山转化的有效途径，其不是单纯的市场交易，而是要实现生态效益、经济效益和社会效益三者的统一。在碳汇交易过程中，社会效益往往容易被忽视。在众多利益相关者中，农户和小农场往往处于弱势地位。为此，必须要在开展碳汇交易之前优先考虑社会效益实现机制，要确保农户能在交易中获得实实在在的好处。

二、白洋淀生态环境治理和生态修复成效

白洋淀淀泊广阔，水网密集，既是显著生态优势，也为水系综合治理提出更高要求。工业化快速发展时期，由于没有正确处理好经济发展与环境保护的关系，导致白洋淀长期在"生态缺水＋环境污染"双重压力下负重前行，生态环境历史欠账多，综合治理难度大。20世纪60年代后，受自然条件变化和人类活动等影响，淀区水源不足、水位不稳情况频发，水域面积不断萎缩，先后出现多次干淀现象。雄安新区成立之前，白洋淀水体生态系统破坏严重，水质长期处于Ⅴ至劣Ⅴ类水平，高锰酸盐指数、化学需氧量和总磷等指数严重超标。同时，淀区内岛村交错，淀内、淀边生活居民数十万，治污和发展、民生问题交织，增加了治理难度。

河北省委、省政府始终把白洋淀生态环境治理和保护作为重大政治任务，成立了由省长任组长的省白洋淀生态修复保护领导小组，并下设办公室，负责统筹协调白洋淀生态修复事宜。2019年经党中央、国务院同意河北省政府正式印发的《白洋淀生态环境治理和保护规划（2018—2035年）》作为雄安新区规划体系的重要组成部分，明确规划了白洋淀生态环境治理的时间表、路线图和任务书。保定市、雄安新区管委会以及安新、容城、雄县三地相关地区，在国家和省总体规划的基础上，针对突出问题分别制定了多个专项实施方案，并加强了治理工程的科学论证和前期工作，使白洋淀流域综合治理工作建立在科学的基础上。此前，安新县政府已在整个县域内进行了"白洋淀湿地保护区"建设工作，设立了相关的职能管理部门。

（一）雄安新区成立之前的艰难治理

20世纪70年代后期以来，白洋淀干淀和水质恶化等生态破坏情况已经引起各级政府的重视。为保障白洋淀生态水量，改善白洋淀生态环境，在国家大力支持下，河北省和保定市多次对白洋淀进行补水、节水、控污、治污等生态修复工作。2002年11月，河北省政府批准白洋淀为省级湿地自然保

护区，进一步提高和明确白洋淀的生态地位和功能定位。保定市政府严抓流域污染综合整治，将淀区所有涉水工业企业全部外迁；关停和治理白洋淀上游高阳、蠡县、满城等 10 个县（区）对所有不稳定达标排放的排污企业。

经过多年治理，白洋淀生态有了一定程度的好转和恢复。但在工业化快速发展和唯 GDP 论的时期，经济发展和环境保护并未实现动态平衡，区域整体发展仍以高耗水、高污染、高能耗的初级产业为主，同时白洋淀周边各市县在对接协作、区域流域联防联治等方面协同性差，白洋淀的生态形势依然严峻。

（二）以淀兴城、城淀共融系统治理

雄安新区的成立，给白洋淀生态修复提供了千载难逢的历史机遇。全省各级各方面深入贯彻落实习近平生态文明思想和习近平总书记对白洋淀生态环境治理和保护工作的重要批示精神，真正从千年大计的规划建设全局高度出发，把白洋淀生态环境治理和保护工作放在重要位置。牢固树立以淀兴城、城淀共融的系统治理观，统筹考虑了水量、水质、生态三大要素，以控源、截污、补水、治河为重点，全面提升白洋淀流域生态环境质量，让"华北明珠"重放光彩。

1. 提高政治站位，坚持规划先行

河北省始终把加强白洋淀生态环境治理作为重大政治责任和规划建设雄安新区的关键环节。深刻把握"千年大计、国家大事"的历史维度，对标对表《雄安新区规划纲要》《雄安新区总体规划》对雄安生态文明建设发展提出的各项指标、要求和标准，立足白洋淀生态状况实际，高标准制定"1+n"规划政策体系，为白洋淀生态修复和保护提供顶层设计。其中"1"为《白洋淀生态环境治理和保护规划（2018—2035 年）》，明确了以白洋淀为核心的"一淀、三带、九片、多廊"生态空间格局，从生态空间建设、生态用水保障、流域综合治理、新区水污染治理、淀区生态修复、生态保护与利用、生态环境管理创新等九个方面进行了全方位的中长期规划和统筹设计。"n"为《雄安新区及白洋淀流域水环境集中整治攻坚行动方案》《白洋淀生态环境综合治理方案（2020—2022 年）》《白洋淀内源污染治理扩大试点实施方案》等系列具体专项规划。

各级党政主要领导高度重视白洋淀生态治理。省委书记、省长共同担任

省级总河湖长，多次到白洋淀调研检查，就白洋淀环境治理提出要求。保定市、雄安新区管委会把白洋淀生态治理作为第一责任融入地区经济社会发展的全过程，纳入各级党政部门的核心职能范围，主要领导实地调研、检查、督导、巡查白洋淀 30 余次，组织召开工作会议 20 余次，研究部署白洋淀生态环境保护及污染防治工作，着力推动白洋淀综合治理措施落实落地。

2. 树立整体系统观，坚持协同治理

河北省统筹白洋淀全流域、上下游、左右岸、淀内外，构建系统治理、协同治理大格局，巩固和提升治理效果。

一是补放协调，科学增水。树立流域整体水环境观，淀内治理与淀外补水相结合，以提升白洋淀自我调蓄能力为目标，制定科学补水方案。在省级层面成立了协调小组，谋划建立补放协调的长效机制，统筹利用引黄水、引江水、当地水库水及再生水，持续向白洋淀进行生态补水的同时，通过白洋淀控制工程向下游河道适当放水，增加白洋淀的水动力和水循环，保持水体的流动性，让白洋淀水系"活"起来。2018 年至 2021 年，累计补水入淀12.5 亿立方米，放水 1 亿立方米，确保了淀区水位保持在 7 米左右。淀内组织开展百淀连通工程，疏浚水流通道，强制拆除白洋淀淀区围堤围埝和水流阻水点，不断提升淀区水环境容量。

二是区域合作，联防联控。加强与京津等周边地区的对接协作，共同强化京冀区域水污染治理力度。2018 年京冀两地联合执法，携手治理大清河白洋淀流域水环境。加强白洋淀上下游联防联控。建立白洋淀流域上下游联防联控应急处置机制，出台了《白洋淀流域上下游水污染防治应急处置联防联控工作方案》，针对府河、孝义河、瀑河、白沟引河等 4 条有水河流，统筹设立监测、预警、响应、导排为一体的协同应急防线。2020 年，通过及时采取导排泄流、封堵截污等方式，有效处置了 9 次上游府河雨污水下泄问题。

3. 践行严密法治观，坚持铁腕治污

河北省以坚决不让一滴污水排入白洋淀的决心和勇气，高标准、严要求、精准化实施白洋淀流域污染治理。

一是筑牢法治根基。2020 年河北出台了《河北省河湖保护和治理条例》，新修订了《河北省生态环境保护条例》，为白洋淀生态治理提供法律体系支撑。2021 年 2 月 22 日河北省第十三届人民代表大会第四次会议全票通过《白洋淀生态环境治理和保护条例》，开创了白洋淀生态治理地方立法先河，也是第一部涉及雄安新区的地方性法规，从规划管控、污染治理、防洪排涝、修复保护、保障监督等8个方面对白洋淀及其流域进行了详细全面的规范。

二是严抓上游流域污染防治。在白洋淀上游流域开展深化城镇污水和垃圾治理、工业污染防治、农业农村污染整治、河道综合整治、河流生态修复、纳污坑塘及黑臭水体整治等六大治理工程。全面整治"散乱污"企业，大力实施重点行业清洁化改造，涉水重点排污单位全面启动污水处理设施提标改造。三年多来雄安新区排查整治13000多家"散乱污"企业，关闭了73家羽绒企业水系工段自备水井，取缔关停了343家养殖场。

三是强化农村污染一体化治理。推进入淀河流沿河1000米范围内农村污水处理设施建设，建立完善农村污水处理设施运营机制。截至2020年底，白洋淀360平方千米内和入淀河流两侧外延1000米范围内的稻田、藕田全面退出；关停淀区、淀边以及境内上游河流1千米范围内的畜禽养殖场（户）4069家。白洋淀78个重点村庄实现了污水全收集、全处理，不能达标的全部转移外运，加强57座入淀小型污水处理站的日常执法和监测，确保正常运转和出水稳定达到IV类水标准。

四是推行精准分类施策。新区三县深入开展坑塘整治攻坚，按照"一坑一档一策"要求，全面排查整治辖区纳污坑塘，一坑一策建立台账严格管控，因地制宜精准实施生态修复，三县共排查有水纳污坑塘606个。

4. 创新体制机制，坚持多措并举

河北省精准把握"雄安质量"生态环境内涵，进一步创新白洋淀生态环境治理机制。

一是创新参与机制。完善社会参与、多方协同的机制，着力破解治理资金筹措、技术瓶颈等白洋淀环境综合整治难题。通过市场化手段，在符合国家法律法规的前提下，雄安设立了100亿元的白洋淀生态环境治理专项基金；建立生态保护和绿色发展专家咨询机制、白洋淀生态环境监管执法队伍，严格落实"河（湖）长制"，定期开展专项督察和执法检查，全面排查和集中整治白洋淀流域突出环境问题。

二是创新监测机制。建设入淀河流跨省界、市界、县界断面水质监测体系，推进环境智慧监测体系建设，应用5G技术建设生态环境大数据监管平台，

提升了白洋淀水质监测能力。通过以白洋淀监测为主的生态监测"一张网"，开展白洋淀内源治理监测、国控点比对和质控监测、生态补水监测、全域监测等白洋淀水质专项监测工作，实时掌握白洋淀水质情况，初步形成水样监测和集成指挥能力。

三是创新考核机制。完善白洋淀水环境质量目标考核评价机制和扣缴生态补偿金制度。细化国考断面水质达标管控措施，设立"湖心区断面水质达到地表水Ⅲ至Ⅳ类"为考核目标，坚持"以日保周、以周保月、以月保年"，严格考核，及时扣缴，按月通报，按季奖惩。

四是创新宣传机制。建设"雄安生态环境共享体验中心"，通过功能齐全、智能管控、无废排放的生态环境监测智慧实验室，利用电子沙盘、VR沉浸式体验等技术开展白洋淀生态治理宣传，提高居民环保意识。

三、面向国家公园的白洋淀流域深度治理

"十四五"时期是白洋淀流域深度治理修复的关键时期。下一步，要牢记习近平总书记"保持历史耐心和战略定力，高质量高标准推动雄安新区规划"的嘱托和"既要利用好白洋淀自然生态优势，又要坚决做好白洋淀生态环境保护工作"的指示，围绕白洋淀国家公园建设的目标，统筹白洋淀治理与城市建设，将城水林田淀作为一个生命共同体统一保护、统一修复，以白洋淀流域治理成效提升城市生态品质，以城市绿色建设发展降低对白洋淀生态环境的影响，构建蓝绿交织、清新明亮、水城共融的环境生态布局。

（一）持续推进白洋淀淀区水污染防治

紧紧围绕《白洋淀生态环境治理和保护规划（2018—2035年）》提出的"一淀、三带、九片、多廊"的空间格局，以功成不必在我的历史耐心和咬定青山不放松的韧劲，坚持一张蓝图绘到底，高标准、严要求推进白洋淀生态治理各项工作，全面提升白洋淀生态环境质量。

要坚持"科学、安全、稳妥、审慎"的原则，以重污染鱼塘、沼泽化散点污染区域和村边水域治理为核心，采取水质、水动力协同治理模式，在白洋淀全域范围内系统开展白洋淀生态清淤；根据需要制定淀中村、淀边村搬迁实施方案，减少淀区人为污染，加快实施淀中村淀边村生态搬迁；加快推进城镇排水管网建设，推进雨污分流改造，规范旅游餐饮污水垃圾收集处置，

推动白洋淀流域城镇污水处理设施及配套设施建设；规范整治淀中村、淀边村船舶，实现淀区内所有汽油柴油动力船舶"清零"。

（二）实施白洋淀流域污染第三方治理

环境污染第三方治理，是党的十八届三中全会提出的环境治理新方式。从实质上看，污染第三方治理是一种立足专业化分工的公私合作模式（图6-3），是对"谁污染，谁治理"原则的制度优化。政府和排污企业与专业的第三方治理机构开展合作，将污染治理的或环保考核的具体工作通过发包方式交给第三方机构，并通过合同约定双方在目标、标准、付费等方面的权责关系。从制度设计的原理看，环境污染第三治理的目的是降低企业的污染排放量，提高政府环境污染治理效率。白洋淀国家公园的建设给白洋淀流域的污染治理带来了新目标、新要求和新任务，需要充分利用环境污染第三方治理这种新方式。

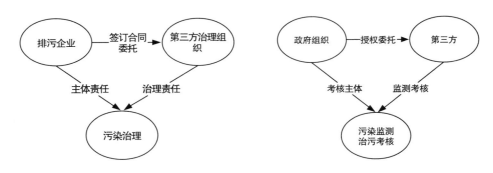

图 6-3　第三方治理

1.科学划分权责关系

开展环境污染第三方治理并不能将排污企业的主体责任和政府的监管责任转移，但第三方组织的参与将环境污染的权责关系复杂化。首先要明确白洋淀流域各级政府在环境污染第三方治理的职能定位，政府作为公共利益的代表在环境污染第三方治理中具有引导和规范的职责，流域内各级政府要大力支持污染第三方治理同时规范其健康发展。其次，明确排污主体与第三方治理组织在环境污染方面的连带责任。

2.围绕重点行业培育规范化市场

以白洋淀流域造纸、毛巾、有色金属加工等行业为重点，培育专业性污染治理企业和社会组织，规范相关领域市场准入条件，严格审核准入资质、治理标准、考核办法，建立科学动态的付费机制，在固定财政补贴的基础上根据考核结果制定激励措施，动态调整付费标准、付费方式。将第三方治理机构纳入排污权、碳排放交易体系，支持第三方治理机构通过减排治污技术参与交易。

3.建立统一信息服务平台

建立流域统一的环境污染第三方治理信息平台，依托市场主体信用系统，集中公布排污企业和第三方治理机构的治理效率、履约情况、信用评估等信息。

（三）推进白洋淀流域绿化服务政府购买

政府购买生态服务是生态服务供给方式的重要制度创新。从前期实践看，政府购买生态服务主要方式有两种（图6-4）：一是政府之间纵向的生态补偿，通过专项转移支付改善生态环境；二是市场化的购买合作，以契约精神为保障，把政府直接提供的生态服务通过市场化的机制交给具备条件的企业等社会力量承接，政府通过结果考核支付相应费用。从实践效果上看，政府购买生态服务的模式需要结合区域内自然生态条件、经济社会发展情况、财政水平、土地权属情况等综合考虑。推动建设白洋淀国家公园从宏观层面上看是国家自然保护地体系构建的重要组成部分，其中必然有政府主导的重大生态工程建设，比如雄安新区千年秀林等。同时，综合区域整体环境看，白洋淀流域生态脆弱，财政资金紧张，生态需求量缺口较大，人均绿化量大幅度低于全国平均水平，大力推进市场化的合作势在必行。

近年来，河北省围绕生态服务政府购买开展了系列探索，取得了不错效果，但总体上看仍存在范围较小，资金保障不够稳定，管理程序不够规范等问题。构建白洋淀国家公园，给白洋淀流域生态服务购买带来了新的改革契机，要强化顶层设计，创新政策协同机制，扎实推动生态服务政府购买规范、健康发展。

1. 明确白洋淀流域绿化服务政府购买的范围

科学合理界定购买范围是生态服务政府购买的先决条件，要紧紧围绕白洋淀国家公园建设的生态目标，结合国家公园建设推进节奏，以清单的形式有步骤有计划地确定和公布购买范围。结合目前白洋淀流域的生态现状来看，绿化服务的购买清单可以包括以下三类（图6-5）：一是上游河流森林防护带，主要是上游唐河、府河、潴龙河等九条与白洋淀相连河流两岸的绿化带建；二是淀区内退耕还林、还淀，主要是为配合白洋淀生态功能的恢复开展的一系列公益性生态工程；三是生态管护事务，主要是对淀区森林、芦苇和其他野生动物资源提供的病虫害防治、繁殖培育等养护服务。

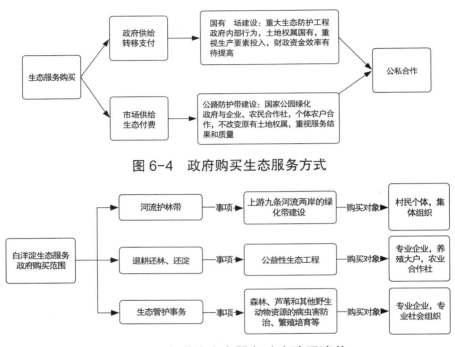

图 6-4　政府购买生态服务方式

图 6-5　白洋淀生态服务政府购买清单

2.构建规范透明的市场交易体系

围绕白洋淀国家公园生态治理的目标，加快构建生态服务政府购买的市场交易体系，形成良性的市场竞争环境。一是积极培育市场主体，完善市场准入机制，政府出台税收、特许经营等优惠政策鼓励企业、专业合作社、养殖大户通过自己的专业技术和技能参与生态服务提供领域。二是建立稳定的投融资体系。统筹使用各类财政补助资金构建生态服务购买的基本资金池，同时通过投融资方式的创新，引导政策银行提供信贷支持和吸引社会资本。三是规范政府购买交易规则。提高生态领域政府信息公开的力度和规范程度，向社会公开交易流程，及时准确发布政府购买生态服务项目信息，明确购买的要求、数量、质量和双方的权责关系，通过招投标的方式确定购买对象。四是加强交易行为管理。开展对生态服务购买的绩效评估，根据评估结果决定服务费用支付比例，建立参与主体黑红名单制度，对服务质量连续优异的主体给予长期合作保障或资金奖励，对连续考核不达标的主体限制或禁止其继续参与生态服务。

（四）积极推动白洋淀碳汇资源的高效利用

构建系统完善的碳交易市场，不仅是国家应对"碳达峰""碳中和"战略的重要抓手，更是盘活国家公园自然资源，实现经济价值的重要途径。我国全国统一的碳交易市场已经正式启动，就现实情况看，在未来一段时间内地方试点碳排放交易市场将与国家统一市场并行存在。目前，碳排放交易主要集中在碳排放端排放配额，核证自愿减排量（CCER）占比较小，林草碳汇作为 CCER 项目之一参与碳排放交易量不多。已有研究表明，林业和草原是陆地生态系统固碳的主力军，占比超过 70%。白洋淀淀区种有大片芦苇，是重要的碳汇资源，有学者研究测算，白洋淀地区每一千克干芦苇能固定二氧化碳 1.63 千克[1]，按照目前淀区芦苇年产量 12.8 万吨计算，仅芦苇每年至少固碳量为 5.68 万吨。

京津冀在碳排放权交易方面已有初步的合作框架和试点交易，要将白洋淀流域作为重要板块纳入京津冀相关交易体系，可逐步探索试行，让雄安新区、保定、沧州等能够率先享受京津冀一体化的制度红利。按照相关标准做好碳排放权界定、初始分配和基础数据。抓紧完善京津冀地区碳排放交易网（碳金融、碳汇、碳市场、碳足迹、碳排放、碳盘查、碳资产）建设，以市场交易机制的完善实现从"政府单一主体"到"政府引导，企业、公众多元主体参与"的转变。

一是要以"大碳汇"理念积极谋划。按照国家关于碳交易的制度设计，结合国际碳交易的发展实践，未来林草碳汇将成为国内碳交易的重要板块。要高度重视白洋淀林草碳汇资源，提前谋划淀区及周边林草碳汇发展规划，统筹制定碳汇市场培育目标，加强对相关理论、市场、产业等领域的研究，率先探索淀区芦苇碳汇计算和相关规章，依托"天地淀"智慧立体监测体系，加强对淀区芦苇的信息监测。

二是要以"大区域"理念扎实推动。充分认识到白洋淀碳汇对华北地区，

---

[1] 江波，陈媛媛，肖洋，等.白洋淀湿地生态系统最终服务价值评估 [J].生态学报，2017（8）.

特别是京津冀地区的辐射能力和外部效益，积极推动白洋淀作为主体参与核证自愿减排项目，率先在河北省内扩大碳交易覆盖行业范围，在制定抵消机制政策时适当向林草行业倾斜，鼓励重点排放单位和控排企业单位优先购买并使用林草碳汇。利用京津冀协同发展重大国家战略的优势，积极对接国家碳排放交易市场和北京、天津等地的地方碳交易市场，推动白洋淀参与交易。

三是要以"大协同"理念完善配套。碳交易是一项涉及多领域，多部门的系统工程，不仅涉及产业领域的结构调整，更需要各政府管理部门协作联动，完善配套措施，推动激励政策与补贴机制协同，行政手段与市场途径协同，财政资金与市场融资协同，项目推进与培训监督协同，最大限度释放制度红利。

（五）建立多层级、多元化、多形式的跨区域生态补偿机制

1. 完善京津冀生态补偿市场机制

完善京津冀一体化的生态补偿市场机制，有助于形成市场补偿和政府补偿的"双轮驱动"机制（图6-6）。2018年12月，国家发改委、财政部、自然资源部等9部门联合下发的《建立市场化、多元化生态保护补偿机制行动计划》明确了市场化、多元化生态补偿的顶层设计。需要明确的是，我国生态补偿市场体系刚刚起步，在生态补偿机制设计上需要以政府为主导。

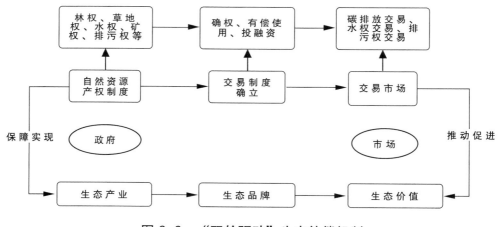

图6-6 "双轮驱动"生态补偿机制

一是在机制上明确京津冀三方政府的权责关系。切实树立京津冀生态一体化意识，在区域共同生态目标的基础上，划定区域生态补偿的重点区域、重点流域和重点领域，在"首都两区"和京冀密云水库、官厅水库，津冀引

滦入津生态合作经验的基础上，将白洋淀流域作为重点纳入到京津冀生态补偿体系。就政府层面看，河北省是白洋淀流域生态环境治理的主体，北京、天津是主要受益者，在以横向财政补偿方式为主的基础上，借助疏解北京非首都功能的契机，大力推动京津地区通过"飞地"建设、园区、技术、实物等手段向白洋淀流域反哺。

二是构建流域生态调节功能价值核算体系。生态调节功能价值核算是市场化生态补偿的基础。要全面摸查白洋淀流域的生态情况，科学构建核算体系，切实掌握流域的生态调节情况，实现京津冀三地生态服务信息共享。在操作方式上可以借鉴浙江丽水的生态价值核算体系，核算白洋淀流域水、路生态调节功能产值（ERSV）（表6-2）。在市场化转化方式上可以根据指标特性采用影子工程法、替代成本法和市场价值法。在补偿比例分配上，按照"谁受益，谁付费"的原则，根据生态调节服务的受益程度划分河北、北京和天津三地的补偿比例。

表6-2　白洋淀流域生态调节功能产值指标

一级指标	二级指标	三级指标	内容
白洋淀流域生态调节服务	水源涵养	水源涵养量	测算降水输入与地表径流和生态系统自身水分消耗量的差值
	土壤保持	减少泥沙淤积	测算指没有地表植被覆盖情形下可能发生的土壤侵蚀量与当前地表植被覆盖情形下的土壤侵蚀量的值
		减少面源污染（氮）	
		减少面源污染（磷）	
	洪水调蓄	植被调蓄	白洋淀流域水库、森林、灌木、草地等洪水调蓄量
		湖泊调蓄	
		水库调蓄	
		沼泽调蓄	
	空气净化	净化二氧化碳	以空气质量国家二级标准为分界点，分类测算大气污染净化量
		净化氮氧化物	
		净化工业粉尘	
	水质净化	净化COD	以水环境质量Ⅲ类为分界点，分类测算水体污染物净化量
		净化总氮	
		净化总磷	

		固碳	陆地系统的固碳释氧量
	固碳释氧	释氧	
白洋淀流域生态调节服务	气候调节	林地降温	生态系统蒸腾蒸发能量
		灌丛降温	
		草地降温	
		水面降温	

2. 构建多元化生态保护补偿机制

要完善白洋淀生态环境治理和保护财力支持机制，统筹各类资金渠道和试点政策，合理划分白洋淀生态环境治理保护的财政事权和支出责任；建立白洋淀流域横向生态保护补偿机制，探索流域上下游地区的资金补助、产业转移等多种生态补偿合作模式；设立白洋淀生态环境治理基金、绿色发展基金，以股权投资等方式支持生态环境保护项目建设。在多元化生态补偿机制中要完善定期会商协作与多元参与机制，构建闭环式补偿链条，以"谁来补—补给谁—补多少—怎么补—谁来管"为基本环节，以责任链、利益链、制度链、共享链为支撑保障措施，支撑白洋淀流域生态修复和治理。

3. 扎实做好白洋淀流域态环境数字化建设

对白洋淀360平方千米范围内全要素（人工鱼塘、开阔水面、沟壕、航道码头、淀中村、淀边村、荷田）底泥污染和水环境状况进行详细调查评估，利用模型模拟系统对淀泊水质、流场与水文过程开展动态的生态评估。利用GIS、遥感、BIM、CIM等数字化技术，不断完善"天地淀"一体化的城市生态空间监测体系，为白洋淀生态治理和生态修复等系列工程提供科学的数据支撑。

第七章 白洋淀国家公园法律政策支持体系

构建国家公园体制是一项涉及多部门、多领域、多层次的系统工程。要求从国家公园的选定、建设到运营都必须有一套完整、严谨、规范的流程和制度。总结各国国家公园体制建设、发展的经验，国家公园的健康发展需要法律体系的权威保障、行政管理体制改革支撑、收支体系的动态平衡和现代化治理能力辅助。

一、国外国家公园法律政策支持体系

（一）美国国家公园法律政策支持体系

美国是全球最早启动国家公园建设和制度设计的国家。经过多年的发展，其国家公园法律体系已经相对完备，具有很强的系统性和综合性。美国的国家公园规划建设与法律制度建设同步，第一个国家公园——黄石公园（Yellowstone National Park）就是依据联邦法案《关于划拨黄石河上游附近土地为公众公园专用地的法案》（Yellowstone National Park Act）规划建设。

在 100 多年的发展历程中，美国的立法者们围绕国家公园这个主题制定了数量众多的法律和法规，来规范和支持国家公园建设。从历史观的角度分析，美国的国家公园立法理念，经历了从单一自然人文景观保护到以国家公园为单元的局部整体性保护，再到生态系统理念指导下的自然人文资源系统保护的变迁[1]。美国是典型的联邦制国家，联邦法律和地方州法并行。同时，美国国家公园体系丰富，类型广泛，仅大类就超过了 20 种，因此美国也是国家公园"一园一法"模式的代表国家。从系统观的角度分析，美国国家公园法律体系分为"一般环境保护法"和"国家公园特殊法"两大板块（表 7-1）。"一般环境保护法"主要是涉及自然生态保护和文化保护发展的联邦法案,在其具体法律条文中有关于国家公园内容的表述;"国家公园特殊法"

---

[1] 杨建美.美国国家公园立法体系研究 [J].曲靖师范学院学报，2011（4）.

主要是专门针对国家公园领域从上到下纵向立法体系，分为核心联邦法、系统管理法、区域性立法三个层次。在管理方式上，美国的国家公园直接接受国家公园管理局领导，下设7个直属地区领导办公室，州政府无权管理国家公园所属区域，但社会组织，如NGO、基金会、赞助商等可以通过认证的方式参与管理。在运维资金的来源方面，美国国家公园运营经费的70%来自联邦政府拨款，20%来自国家公园的特许经营收入，剩余主要来自社会捐赠。在美国，每年都有大量志愿者通过培训为国家公园提供志愿服务，节省了不少运行费用。

表7-1　美国国家公园法律体系

类别	领域	法案名称	简介
一般环境保护法	生态环境保护领域	《国家环境政策法》《美国综合环境反应、赔偿与责任法》《土地与水资源保护基金法》《露天采矿与恢复法》《联邦水资源控制法》《联邦洞穴资源保护法》《濒危物种法》《清洁空气法》《石油污染法》《水资源污染控制法》《海岸地区管理法》等	
	人文环境保护领域	《美洲土著墓地保护及修复法》《博物馆法》《纪念作品法》《考古资源保护法》《国家公墓法》《联邦土地游憩加强法》等	
国家公园特殊法	核心联邦法案	《国家公园组织法》《国家公园系统一般授权法》	明确国家公园的管理机构及一系列配套运营制度和机制
	系统管理法	《国家公园系统资源保护法》《国家公园空中旅行管理法》《国家公园综合管理法》《国家公园娱乐法》《国家公园特许经营管理改进法》《历史地、建筑与古迹法》《原生及风景河流法》《入境国家游憩区法》《国家历史保护法》《公园、景观廊道及娱乐区研究法案》《国家步道法》《荒原法》《公园矿业法》《公园志愿者法》等	强化权责体系，规范国家公园各项准入制度和研究方式，提倡特许经营
	区域立法	《阿拉斯加国土保护法案》《加利福尼亚荒原法案》	

（二）日本国家公园法律政策支持体系

日本是亚洲最早启动国家公园建设和制度设计的国家。文献研究表明，早在1911年日本第27次帝国议会中就提出了国家公园的请愿，并明确了建设地区，但由于土地所有权、财政困难等原因未被采纳[1]。此后，日本也多次在议会中提出过关于建设国家公园的相关法案，但受国内和国际政治局势的影响，都未能成型。直到20世纪20年代后期，日本民间推动国家公园建设的力量逐渐壮大，促使日本内阁成立了"国立公园调查会"，直接促成了云仙、濑户内海、雾岛三个首批国家公园的建设，并于1931年颁布实施了《国立公园法》。

日本的土地形式较为复杂，导致其国家公园的建设历程较为曲折[2]，但也造就了其特有的法律支撑体系（表7-2）。日本是单一制国家，国会是最高权力机关和唯一立法机关。同时，日本国家公园类型相对集中，主要是火山、海岸和森林。因此，日本的国家公园法律支持体系核心突出，但国家公园的设定、建设、管理、运营过程中法律法规的制定特别注重多方的参与。在管理体制上，日本环境省是国家公园的最高管理机构，负责国家公园的规划、设定、监管等重大事项，日本对国家公园实施分区管理，将全国34个国家公园根据地理位置划分了7个大区，并相应设立环境所负责区域内国家公园的具体管理、运行，同时，还按照保护的严格程度划分了四个等级。在运维资金来源上，财政拨款是日本国家公园运维资金的主要渠道。值得注意的是，日本直到1994年才将国家公园的资金纳入国家预算体系，保证其稳定的收入来源。日本参与国家公园运行的企业和民间组织力量强大，带来了大量经营和捐助资金。2000年以后，日本的国家公园资金预算一直处于削减的趋势。

表7-2　日本国家公园法律体系

类别	法案名称	简介
核心法律	自然公园法、[3] 自然公园法实施细则、自然公园法施行令等	对国家公园的设定、保护利用、权责关系及相关的处罚进行了详细系统的规定

[1] 在此次议会中，出现了"将日光山指定为国家公园的请愿"等三个与国家公园建设相关的议案。但是，由于议案所涉及的日光山地区及富士山地区的土地所有权极其复杂，当时的议会以土地所有权无法解决和财政困难等理由没有采纳。

[2] 从世界范围上看，绝大多数国家的国家公园土地性质为国有或公有，但日本较为特殊，私人土地在国家公园土地规模中占比较大。文献研究表明，日本民间私有的土地面积在国家公园中占比超过了四分之一，山阴海岸、吉野熊野等地占比超过了60%，西海、伊势志摩等地占比超过了85%。此外还有大量的宗教和文化占地。

[3] 前身为《国立公园法》，二战战败后，日本国内财政资金趋紧，原有的国家公园建设运营模式被迫改革。1949年日本修订了《国家公园法》，创立了保护程度略低于国家公园的"国定公园制度"，1957日本颁布《自然公园法》，彻底取代了《国家公园法》，构建了三级管理的自然公园体系。

外围法律	自然环境保护法、森林法、物种保存法、自然再生推进法、鸟兽保护法、生物多样性基本法、观光基本法等	明确了日本森林、珊瑚、海滨、湿地等重要生态资源保护的基本原则和方针，并规范国家公园的游憩、宣传、教育等行为

（三）经验与启示

1. 完备的法律支持体系是国家公园起步建设的基石

法律体系构建与国家公园建设同步推进是国家公园先行国家的基本经验。从美国、日本等国家推进国家公园建设的基本历程看，其现有国家公园管理机构的设置、管理部门的职责、管理方式等都是由法律赋予的。法律赋予管理机构合法的管理权限，让国家公园按照相应程序有序运行。同时，法律明确了社会参与方式和监督方式，对国家公园进行监管。推进建设国家公园是一项关系民族永续发展和国家长远利益的重大改革，必须要有明确规范的法律体系保障其建设、管理和运营。一方面要通过法律体系的权威性来明确国家公园建设的愿景、目标和基本思路，确保国家公园在建设过程中方向不变、靶心不散、力度不减，扎扎实实完成相应任务；另一方面要通过法律体系的规范性来减少改革推进的不确定性，真正做到重大改革举措有依据、能落地，消除改革推动者的担忧。

2. 切实保障原住民的利益是国家公园健康发展的关键

从国家公园的发展历程看，处理好原住民与国家公园的开发与建设问题是保证国家公园健康长远发展的关键问题。大部分国家公园内的生态资源一直是原住民生产、生活的重要资源，并且在此基础上衍生出了一系列特有的生活秩序和文化。不少国家在启动国家公园建设之初，没有重视原住民的利益，单纯采用鼓励甚至是强制搬迁的方式，强行切断了原住民与国家公园之间的联系。一方面引发了原住民的生计困难问题，削弱了国家公园社会参与的重要力量；另一方面也强行破坏了国家公园原有人与自然的关系，导致国家公园管理机构需要从零开始摸索园区内自然资源保护的基本规律，还要抽调大量的人力、设备来增强保护力量。我国国土幅员辽阔，人口众多，文化底蕴深厚，从前期试点的国家公园情况看，大部分试点区域内都存在富有特色的地方文化，形成了与原生环境相契合的生产活动和生活习惯。因此，在国家公园开发建设起步阶段就必须高度重视国家公园内原住民、当地社区的权利,并适度留出发展空间,积极引导社区参与国家公园的建设、管理与保护。

3. 找准开发与保护的平衡点是国家公园永续发展的核心

在国家财政的支持下引进民间和社会资本共同建设开发国家公园是国家公园长期发展的基本经验。虽然各国国家财政和社会资本所占比例大不相同,但公共财政占主导是经济社会发展较好的大国普遍采取的模式。国家财政占主导的方式能够充分保障国家的自然资产所有权、主导性和全民公益性,避免由于过度商业化开发导致园区生态环境遭到破坏。而通过"特许经营"的方式适度出让经营权,吸引社会资本在保障公园生态安全的前提下参与创新园区的经营管理方式,则更好地发挥了国家公园游憩、宣传和教育的功能。

二、白洋淀国家公园治理体系构建

(一)白洋淀国家公园法律支持体系构建

国家公园立法是建立国家公园法律保障、完善我国环境法治的重要环节。中办国办在 2017 年 9 月印发的《建立国家公园体制总体方案》中提出要"在明确国家公园与其他类型自然保护地关系的基础上,研究制定有关国家公园的法律法规"。目前《国家公园法》已列入全国人大常委会的立法规划,《自然资源保护法》正在编写草案,在中央层面已经基本形成了国家公园立法的顶层设计。同时,"一园一法"的差异化管理模式在国内呼声很高,原国家林业局在 2016 年明确指出"国家公园坚持一园一法",在前期开展试点的十个国家公园中,海南热带雨林、三江源、武夷山、普达措和神农架国家公园已经由所在省人大常委会颁布施行了相关条例,剩余几个国家公园也在积极推进(表 7-3)。

表 7-3　国家公园地方性立法

名称	颁布时间	颁布机关
云南省迪庆藏族自治州香格里拉普达措国家公园保护管理条例	2013 年 9 月	迪庆藏族自治州人民代表大会常务委员会
云南省国家公园管理条例	2015 年 11 月	云南省人民代表大会常务委员会
三江源国家公园条例(试行)	2017 年 6 月	青海省人民代表大会常务委员会
武夷山国家公园条例(试行)	2017 年 11 月	福建省人民代表大会常务委员会
神农架国家公园保护条例	2017 年 11 月	湖北省人民代表大会常务委员会

海南热带雨林国家公园条例（试行）	2020 年 9 月	海南省人民代表大会常务委员会
海南热带雨林国家公园特许经营管理办法	2020 年 12 月	海南省人民代表大会常务委员会

我国原有的自然保护地相关规范分散于以《宪法》《环境保护法》为代表的单行法和以《自然保护区条例》《风景名胜区条例》为代表的行政法规，及以《国家级森林公园管理办法》为代表的部门规章和各类专门性的地方性法规之中。国家公园法律体系建设，要对零散分布于相关法律法规中的有关法律条文、行政法规、部门规章及专门性的地方性法规中的有关条款进行吸收、汇总并创新。白洋淀国家公园在河北省内，不存在省级管辖区域的交叉，具备"一园一法"模式的基础。另外，未来白洋淀国家公园的管理和运行同雄安新区的发展血脉相连，具有区别其他国家公园的鲜明特点，有"一园一法"的现实需求。所以，在地方层面，必须结合雄安新区的发展规划和开发建设制定《白洋淀国家公园条例》，完善具有中国特色的"一园一法"白洋淀国家公园法律体系（图 7-1）。

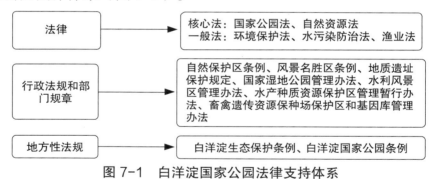

图 7-1　白洋淀国家公园法律支持体系

（二）白洋淀国家公园组织架构体系构建

行政管理体系是国家公园运行的组织保障，科学合理的行政管理体系能够更好地推动国家公园的建设和运营管理。科学合理的行政管理体系依赖于通过法律基本理顺中央与地方在国家公园建设、开发、运行等方面的基本框架。有研究表明，在启动以国家公园为主体的自然保护地体系建设前，我国不同地区、不同部门设立的各类自然保护地约有二十多种（图 7-2）[1]。总

---

[1] 吕忠梅. 自然保护地立法基本构想及其展开 [J]. 甘肃政法大学学报，2021（3）

体上看，国家公园的管理面临的问题十分复杂。国家公园管理局既要落实好自然资源保护的主体功能，又要探索绿水青山向金山银山转化的科学合理限度，同时，还要与公园所在的地方政府协同做好园区内居民公共服务。

目前，白洋淀主要涉及湿地自然保护区、风景名胜区、水产种质资源保护区三种，管理部门层级较低，体制改革的阻力较小。同时，雄安新区作为创新驱动发展引领区和开放发展先行区，具有体制机制改革创新的优势。要借助雄安新区改革创新的红利，成立白洋淀国家公园管理局，在职能上做到三统一：一是统一行使园区空间用途管制和自然资源管理与保护职责，保护和恢复园区内的生态组织，开展园内自然资源和环境的调查、监测和评估；二是统一负责园内自然资产出让管理和收益征收，建立特许经营制度、生态补偿机制、社会合作监督机制、科研和国际合作交流机制；三是统一行使园区内的环境执法和监管职能，建立规范、专业的综合执法队伍，构建完善的监管体系。

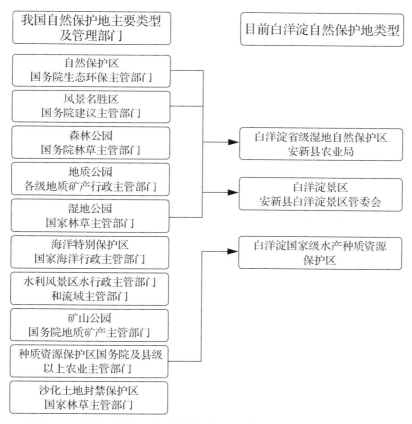

图 7-2　我国主要自然保护地管理机构及白洋淀涉及的类型

（三）白洋淀国家公园收支体系构建

国家公园收支体系是国家公园建设和长期运行的资金保障体系，科学合理适度灵活的资金运作模式能提高国家公园的运行效率。从国家公园体制先行国家的经验来看，"政府财政支持＋特许经营＋基金会（社会捐助）"的运行模式各国普遍采用，不同的是，各国由于自身财力状况或是国家公园发展阶段的不同，政府财政资金的比例不一。而我国前期各类自然保护地运行所采用的资金模式也为国家公园收支体系建设积累了经验（表7-4）。《关于建立以国家公园为主体的自然保护地体系的指导意见》明确提出："建立以财政投入为主的多元化资金保障制度"，要统筹各级财政资金保障国家公园的运行和管理。从我国十个国家公园试点的情况看，各个国家公园尚处于开发建设阶段，总体上公共财政占绝对主导，但是各试点公园财政资金来源占比也存在较大的差异（表7-5）[1]。

表7-4　目前我国自然保护地体系资金来源情况

保护地类型	制度设计	现状
自然保护区	《自然保护区条例》明确"管理自然保护区所需经费，由自然保护区所在地的县级以上地方人民政府安排，国家对国家级自然保护区的管理给予适当的资金补助"	自然保护区分级设立，除部分国家级自然保护区能申请到主管部门的专项补助经费外，其他运营经费均由各级地方政府依财力保障
风景名胜区	《风景名胜区管理条例》明确"风景名胜区内的交通、服务等项目，应当由风景名胜区管理机构依照有关法律、法规和风景名胜区规划，采用招标等公平竞争的方式确定经营者，经营者应当缴纳风景名胜资源有偿使用费。风景名胜区的门票收入和风景名胜资源有偿使用费，实行收支两条线管理"	大部分风景名胜区是"政府监管＋公司运作"的模式。门票和景区内的经营收入是其运维的主要收入，同时部分景区能依靠区内的遗迹、文物等通过主管部门争取部分专项财政资金
湿地公园	《国家湿地公园管理办法》明确"湿地公园属于公益事业，可开展不损害湿地生态系统功能的生态体验及管理服务等活动。国家鼓励公民、法人和其他组织捐资或者志愿参与国家湿地公园的保护和建设工作"	湿地公园的收入渠道较为单一，主要依靠地方财政拨款，且不稳定，其保障能力与当地财政状况直接相关

---

[1] 数据来源：三江源、武夷山、钱江源、南山国家公园官网。

表 7-5　我国部分国家公园试点 2020 年决算情况　　　（单位：万元）

名称	决算总收入	一般公共预算财政拨款	其他收入
三江源国家公园	154721.5	96369.03	经营性收入：0 县级财政通过项目划拨：58352.46[1]
武夷山国家公园	19401.63	19344.04	经营性收入：57.58
钱江源国家公园	7986.31	7986.31	经营性收入：0
南山国家公园	34786.57	31643.65	事业收入：2672 附属单位上缴：470.92[2]

综合国际国内的经验，为了突出国家公园"保护具有国家代表性的大面积自然生态系统"的主要目的，未来我国国家公园建设运行主要是公共财政保障支持。因此，白洋淀国家公园主要是明确收支体系的三点原则：

一是明确中央财政投入为主。按照中央对国家公园的顶层设计，国家公园具有"国家代表性"和"全民公益性"，是事关中华民族永续发展的战略财富。按照经济学的概念，其有很强的正外部性，其主要成本需要由中央政府负担。白洋淀是雄安新区的核心水系，是千年大计的重要生态支撑，白洋淀公园生态功能的修复和保护向内是雄安新区生态之城建设的根基，向外对华北地区的生物多样性保持和珍稀物种保护、调节京津冀地区的气候、补充地下水、蓄洪防灾等方面都发挥着重要作用。因此，白洋淀国家公园的建设和管理费用应该纳入中央政府预算，特别是在起步建设期，一定要维持中央专项财政拨款力度不变。同时，随着公园建成运行，雄安新区政府也应将其部分事权纳入本级财政保障。

二是构建损失补偿机制。设立国家公园，生态保护是首要功能，公园内将实行最严格的保护措施，大幅限制生产经营活动，特别是核心区域将禁止一切生产、生活活动，这将减少公园所在地地方政府的财政收入和原住民的收入。要保护地方政府和原住民参与国家公园的积极性，就需要提前设计补偿激励机制。白洋淀国家公园是人口稠密区，长期以来人类活动频繁，并形成了稳定的生产、生活关系，土地关系和自然资

[1] 主要是我单位相关园区管委会（管理处）由县级财政拨入生态保护项目款、农业资源保护修复和利用费、县级财政拨款的人员经费、生态管护员工资等。

[2] 从城步县财政取得事业收入拨款 2672 万元，南山牧场南山风景区取得收入 470.92 万元。

源产权关系复杂。因此，必须从地方政府利益和原住民生活两个方面构建发展补偿机制。目前，雄安新区已经规划了明确的产业发展方向和红线，对于传统高耗能、高污染产业的逐步退出和新产业的聚集发展要给予政策支持和税收方面的强化，以实现平稳过渡；在同等条件下，原住民可以优先获得白洋淀的特许经营权，优先获得公益性岗位的聘任；组建龙头企业，开展合作经营，在符合条件的前提下可以授权使白洋淀国家公园的品牌标识；对原住民的子女教育、医疗和养老提供一定兜底性帮助；对白洋淀国家公园文化建设提供物品、技术和服务支持的奖励。

三是保障公园收支平衡的动态机制。国家公园作为一项长期性国家战略，其建设发展有内在规律。白洋淀国家公园作为配合雄安新区建设发展的国家公园，要在雄安新区总体规划建设的大框架下，准确把握国家公园规划建设节奏，确保国家公园的建设、运营在动态收支平衡状态，既避免前期的盲目建设，又要保障其长远发展。在确保中央政府监督、指导和审查权的前提下，依法授权白洋淀国家公园管理局批准和管理特许经营事项，赋予白洋淀国家公园管理局对自有收入的管理权。根据各级政府财政事权划分，结合白洋淀国家公园以及周边村镇的具体管理需求，明确公园管理部门具体事权，在此基础上科学测算白洋淀国家公园资金需求以及各级财政分别承担的比例。伴随着我国生态文明建设的不断深入和高质量发展的不断推进，激发了越来越多的企业和社会组织参与国家公园建设的积极性，并衍生出了大量的环保产业和绿色金融。雄安新区未来的人、财、物虹吸效应明显。白洋国家公园管理局应设立专门的业务处室对接市场和社会组织，吸收社会资金支持公园运行发展。

（四）白洋淀国家公园空间资源管理体系构建

根据党中央对国家公园体制改革的要求，空间资源统一管理尤为重要。我国自然保护体系在构建之初采取的是分类试点的模式，缺少山水林田湖草一体化的系统治理，并没有对全部的自然生态系统进行详细的本底调查。"条块并行"的管理体系，虽然原则上是"以块为主，属地管理"（图7-3），但实际上"条"——各职能部门掌握着政策和财力分配权，以至于大多数自然保护地并没有把完整的生态系统统一划入。事权方面以"块"为主，中央政府各管理部门对各类自然保护地情况的掌握主要来自地方或下级管理部门的报告，只能采取运动式的专项检查和督导推动工作开展。这样一方面形成自然保护地"一地多牌"，大部分自然保护地在空间资源管理上交叉，权责划分不清，多重管理与责任真空现象并存；另一方面导致了部分自然保护地过度商业化，将自然保护地管理机构等同于企业，将工作重点放在了吸引游客、提高收入等经营性项目上，完全忽视了对不可再生资源的慎重利用。

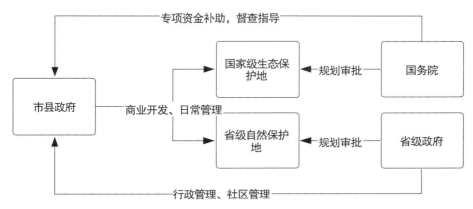

图 7-3 自然保护地管理模式示意图

在空间资源管理制度上，白洋淀国家公园应该通过管理机构的整合实现园内国控土地一主，政出一门。要充分借助雄安新区体制机制积极改革先试先行的优势，在机构改革的大背景下实现空间规划职能整合。可借鉴湖南南山国家公园试点的经验，对白洋淀国家公园范围内的规划权、审批权、管理权等进行整合，将省、市、县三级权力通过权力清单移交白洋淀国家公园原理局（图 7-4）。将集体所有土地上建设项目的审批权限赋予国家公园管理机构，以符合国家公园管理规定为基本原则。在日常管理中为了更好地实施科学的空间用途管制，要制定差别化的土地用途管理规则，分层、分级、分类实施管控。前期，十个国家公园试点中已探索了三种统一使用模式（表7-6）。

白洋淀国家公园建设是雄安新区建设中的远期规划，结合白洋淀周边集体所有空间资源占比较高的现实情况和维系人与自然和谐共生的治理理念，应该尝试探索地役权模式。通过空间资源本底调查、确定核心生态系统、确定地役权范围、明确经营行为正负清单、制定精细化管理措施、评估反馈等几个步骤形成一套完整的空间资源统一实施框架（图 7-5）。

首先，要明确园区内主要保护对象（比如淀区内核心物种、特色的生态系统、特殊的地质情况）。其次，结合空间地理信息细化不同地域的保护需求。第三，确定保护需求和原住民生产、生活、经营行为之间的关系。最后，形成管理原住民的政府清单并配套不同的补偿方式。原则上奖罚分明，并且是直接补偿与间接补偿相结合。

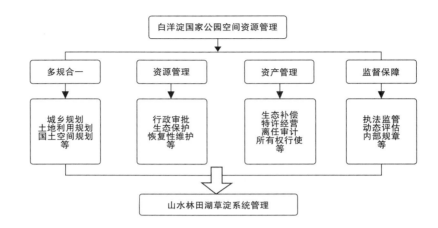

图 7-4　白洋淀国家公园空间资源统一管理示意图

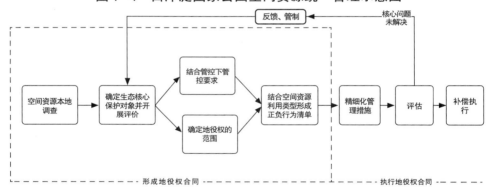

图 7-5　白洋淀国家公园空间地役权开展流程

表 7-6　国家公园空间资源统一使用的三种模式

方式	特点
征收	权属单一明晰，需要移民搬迁和大量资金
租赁	不变所有权，统一集中经营，需要大量资金
地役权	不变所有权，规范使用权，需要相关政策和精细化管理支持

三、白洋淀国家公园治理能力构建

（一）白洋淀国家公园范围划定

相较过去自然保护区、风景名胜区等其他自然保护地的地方率先实践不同，国家公园的设定是中央率先完成顶层设计，然后在目标导向引导下开展遴选。生态系统完整是在特定地理环境下的最优状态，对维系当地的物种保留、基因库的延续等各方面起着决定性作用。因此，白洋淀国家公园的设定，应该首先以系统观念为指导，判断划定的范围是否能维持生态功能的完整性，并全力保护淀区内珍稀的、脆弱的物种、风貌，使其恢复并维持原始自然状态。IUCN认为，国家公园总体面积最少不应小于10000公顷（100平方千米），并保证核心面积最少不小于总面积的25%[1]。在理想状态下国家公园内部生态资源应呈现相对集中成片的状态，并且有河流、山川等明显的地理标志作为边界易于确定。

从前期国家公园试点的经验来看，以流域为界限划定国家公园的范围是合理做法，白洋淀是内陆淡水湖，青虾、黄颡鱼、乌鳢、鳜鱼等水产种质资源优质，其上游有九条河流，下游流入渤海。目前白洋淀水域面积达到了270平方千米，加之陆地面积及上下游河流流域，未来的白洋淀国家公园面积应该在800平方千米左右，地跨雄安新区、保定、沧州三地，在目前行政区划范围内涉及安新、雄县、容城、徐水、高阳、任丘6县（市）。白洋淀国家公园以流域范围为基础，结合行政村界划定国家公园边界，充分对接城市开发边界，要将所涉县县城驻地划出国家公园范围，并为县城发展预留空间；充分对接永久基本农田，将流域范围内基本农田划出国家公园范围；充分考虑雄安新区建设和乡镇发展，将流域范围内乡镇驻地划出国家公园范围，并依据建设用地范围为乡镇发展预留空间；依据相关部门提供的数据，高速公路、国道、省道、铁路、油气管线等线性工程用地不纳入国家公园范围，统筹考虑生态系统的完整性和栖息地的连通性而划定。

（二）扎实推进白洋淀国家公园设立前期工作

设立国家公园是一项系统性工程，从国家层面讲，对国家公园要有一套标准和流程。2018年底，国家林业和草原局提出了《国家公园设立标准》（研究稿），其中明确提出了生态系统代表性、生物物种代表性、自然景观独特性三方面系统性的遴选指标，同时在实践中还要考虑空间适宜性、生态适宜性、建设可能性三方面实际情况。

国家公园的设立不是一蹴而就的，推动白洋淀国家公园的设立、建设需

---

[1]. 资料来源 http：//www.icun.org。

要提前做好扎实工作。一是扎实开展白洋淀流域自然资源和社会经济本底调查。自然资源和社会本底调查是国家公园设立的最重要的基础性工作。要开展白洋淀流域自然资源和社会经济本底调查工作，编制《白洋淀流域自然资源和社会经济本底调查报告》及湿地、水资源与水生态、生物多样性等专题报告，全面细致查清白洋淀流域家底。二是深入推进白洋淀国家公园前期研究论证。对标国家公园设立标准规范和前期国家公园试点方案，以省级政府牵头编制《白洋淀国家公园总体规划》《白洋淀国家公园设立方案》《白洋淀国家公园符合性认定报告》和《白洋淀国家公园设立的社会经济影响评价》等系列论证报告。三是提早谋划协同联动机制。在省级层面成立白洋淀国家公园领导小组，组织省发改委、省林草局、省生态环保厅、省水利厅等相关部门和单位建立共同推进国家公园的联系机制；协调雄安新区、保定市、沧州市以《白洋淀生态保护条例》和《白洋淀生态环境治理和保护规划（2018—2035 年）》为基础共同制定白洋淀流域"大保护大治理"的联合意见，分别建立市、县两级相关单位定期联系机制，形成白洋淀流域生态保护齐抓共管的格局。

（三）多措并举扶持和培育区域公共品牌

品牌化是农业高质量发展的必经之路，打造区域公共品牌是农业品牌化的抓手，是推动"绿水青山"向"金山银山"转化，实现国家公园生态价值市场化的有效路径，能有效解决国家公园原住民生态补偿市场化的问题。白洋淀国家公园既有良好生态功能的定位，又有雄安新区生态之城的知名度影响，具备打造优质区域公共品牌良好基础。

1.打造"白洋淀国家公园"区域公用品牌，提升生态产品市场化价值转化效率

要通过优势资源整合打造区域龙头特色品牌，开拓生态受益区的市场，提高资源转化效率，实现产品的高溢价。一是以白洋淀传统蔬菜、中药、莲藕、荷叶茶等生态农产品为抓手，以雄县雄州镇、鄚州镇，安新县寨里乡、安新镇、赵北口镇、刘李庄镇、芦庄乡、同口镇等沿淀地区为重点，打造生态农业核心发展带，推动全域化、全品类、全产业链的"白洋淀国家公园"区域公用品牌。建立品牌引领的生态产品一体化服务平台，建立严格品控和品牌规范使用机制，与白洋淀鸭蛋、白洋淀皮蛋、荷叶茶、河蟹、莲藕等地

理标志农产品品牌形成"母子品牌"双标运营模式。二是积极对接京津冀生态产品需求，充分利用互联网技术，打造立足京津、面向全国、辐射国际的品牌营销策划。三是统筹民宿、餐饮等生态文旅产品品牌化发展。围绕康养休闲、传统文化体验、红色文化传承与农业相结合模式，建设若干特色小镇，在沿淀近水区域，打造揽湖、拥景、听涛、吻云、归田的"水墨"生态文化廊道。以雄安市民中心为核心，利用白洋淀和千年秀林的生态优势打造"雄安市民中心—千年秀林—雄州大牌楼—黄湾村—赵庄子村—白洋淀"水乡康养路线；依托传统中医文化资源以及农耕文化，充分利用古淀梨湾、十二连桥、扁鹊故里、郘州大庙等生态文旅资源，打造"龙湾镇—郘州镇—圈头乡—赵北口镇"文化观光路线；串联嘎子村、白洋淀雁翎队纪念馆等景点，以情景剧、重温红色岁月活动、纪念展览等多种形式进行红色精神宣传，打造"安州镇－端村镇－白洋淀雁翎队纪念馆－嘎子村"红色旅游路线。

2.围绕盘活生态资源资产，培育生态产品市场供给主体

一是借鉴浙江丽水"强村公司"模式，建立农村集体经济发展有限公司。可依托目前区域内 9 家农业发展园区，962 家种植大户，101 家家庭农场培育打造产值百亿级的龙头农产品企业[1]，推动集体生态资源资产所有者转化成市场化生态产品的生产者和供给者。二是积极与京津携手培育专业化生态资产经营管理主体，通过市场化机制提高生态产品质量和生产效率。三是在白洋淀国家公园涉及雄县、安新、容城三县试点"生态地票"制度，将分散的生态建设主体纳入交易市场，探索市场化的"退耕还林还草还湿"机制。按照"生态优先、农户自愿、因地制宜"的原则将农村闲置、废弃的建设用地复垦为林地、草地、湿地等生态保护用地，将超额完成的指标形成生态地票交易。

3.构建高标准生态产品认证体系，打造"白洋淀国家公园"生态标签

赋予白洋淀国家公园内具有生态保护能力和绿色发展特征的农业经营组织生态补偿获取主体资格。除获得直接补贴、技术支持外，还对其产品进行生态品牌认证，通过"农产品直通车"等形式优先保障其向生态受益区直接销售。一是构建具有白洋淀国家公园特色的高水平生态产品认证标准。依托《共建"京津冀食品和农产品质量安全示范区"合作协议》，联合组建白

---

[1] 资料来源 http://www.xiongan.gov.cn/2021-08/06/c_1211321045.htm。

洋淀国家公园生态标签产品标准化技术委员会，按照"国内领先、国际先进"的要求，综合中国环境标志产品认证、国家森林生态标志产品认定等标准，明确白洋淀国家公园生态标签产品在生长环境、种（养）殖环节、生产加工、贮运操作、销售方式等五大方面的基本标准。二是建立生态标签产品认证管理体系。一方面，出台《白洋淀国家公园生态标签产品认证管理办法》，对生态标签产品的认证机构、流程、监督管理等作出规定。依托农业大数据中心，建立全程可追溯、互联共享的雄安新区农产品质量安全信息系统，实现全区质量安全信息互联互通，将监管对象、监测数据、巡查执法、产地追溯、舆情分析和风险预警全部纳入监管系统并进行实时分析，对区域内全部生产经营主体进行登记监控，实现"全区可追溯，追溯到个人"。另一方面，依托"京津冀地理标志保护公共信息共享服务平台"建立生态标签产品认证目录以及定期评估和动态调整机制。

（四）实施系统保护综合治理

坚持尊重自然、顺应自然、保护自然，在白洋淀流域构建由"生态安全防线、功能维护防线、生态监管防线"组成的立体化生态保护新防线，确保华北地区生态安全屏障更加牢固，更好地服务于京津冀协同发展和全省发展大局。

1.不断提升白洋淀流域内生态系统质量和稳定性

以白洋淀国家公园核心生态功能定位为基础，统筹考虑自然条件的相似性、生态系统的完整性、地理单元的连续性和经济社会发展的可持续性，针对气候变化、淀区水位下降、植被退化等，明确统筹山水林田湖草沙冰一体化保护和修复的总体布局、重点任务、重大工程，形成统筹保护白洋淀流域山水林田湖草沙"一张图"，协同推进山上山下、地上地下、岸上岸下、流域上下游一体化保护和修复，提升白洋淀流域生态系统结构完整性和功能稳定性。

2.建设白洋淀流域生态保护共同体

要落实生态主体功能区布局，以乡村振兴为抓手，统筹优化流域城镇建设、农业发展、生态保护、生态体验和自然教育，推动形成主体功能明显、优势互补、高质量发展的白洋淀国家公园保护利用新格局。加强跨区域、跨部门联动，加强项目资源和资金投入整合，形成建设和保护合力；以已建成的联系协调机制为抓手，紧密联系科研院所，统筹各方力量实施流域生态保护和综合治理，统筹推进水环境、大气、土壤、固体废弃物污染联防联治，实施退耕还湿、生态补助、环境整治，加快建立健全体制完备、法制完善、管理严格、保护到位的大保护大治理大联合工作机制。推进"机制共建、义务共担、资源共享、实事共办"的社区共享共治模式；因地制宜建设国家公园入口社区，建设特色小镇，打造承接转移人口、生态产业链延伸新载体，带动周边区域发展。

（五）实施标准示范区建设

以雄安质量为标准，围绕坚持高站位、高标准、高引领登顶打造生态文明高地目标，推动白洋淀流域实施五大标准示范区建设工程，形成一系列高质量、标准化行动方案，推动白洋淀国家公园在全省生态文明建设中走在前列。

1. 探索湖泊型国家公园建设示范区

借鉴青海湖管理经验，突出国内湖泊型国家公园的独特性，在管理体制机制、科学有效保护、野生动植物管理、生态产品价值实现、社区发展等方面探索标准化路径；提升与科研院所和高等院校的合作层次和水平，借用外智外力，开展白洋淀国家公园重大课题研究，助力白洋淀流域生态保护和绿色发展。

2. 建设山水林田湖草沙冰综合治理示范区

坚持节约优先、保护优先、自然恢复为主的方针，科学评估流域各类生态系统，遵循自然生态系统的整体性、系统性、运动性及其内在规律，对白洋淀流域分区施策；统筹项目和资金，采取工程、技术、生物等措施，对山水林田湖草沙等自然生态要素进行保护和修复，建设山水林田湖草沙综合治理示范区。

3. 设生物多样性保护示范区

科学划定园区内野生动物的空间，加大生物多样性保护研究投入，开展生物专项调查，制定生物多样性保护方案，构建促进野生动物种群之间交流的生态廊道，强化野生动物重要栖息地和迁徙通道保护；完善监测站、救护站建设，建立完善野生动物监测、救护体系。

4. 建设绿色发展示范区

构建绿色空间，形成白洋淀流域科学合理的生态、生活、生产空间布局；发展绿色产业，完善产业布局，做强生态农业，做优生态旅游和体验，做大绿色关联产业，做好绿色服务产业；创新绿色机制，强化绿色支撑，探索生态产品价值实现路径，加强绿色发展研究合作、成果应用、技术推广。

5. 建设优秀生态文化传承区

全面完成白洋淀流域文物普查和各民族非物质文化遗产现状调查，梳理形成白洋淀生态文化资源汇编，挖掘优秀生态文化载体；建立白洋淀生态文化资源数字平台、文物资源数据库，实现生态文化资源智能化管理；建设优秀生态文化综合保护区和示范点，加强文化遗产保护；打造优化文化展示基地和教育空间，加快推进文物资源与旅游融合发展；组建优秀生态文化人才队伍，培养和扶持文化传承人，塑造白洋淀人文精神。

（六）打造自然体验和生态教育平台

1. 围绕自然体验和生态教育平台核心目标，编制《白洋淀国家公园自然体验和生态教育专项规划》

设置公共开放区、限制性开放区，实行准入分级管理，科学合理控制访客容量，开展强度适中的生态体验活动；完善基础服务设施，建设完善白洋淀国家公园智慧解说系统和管理系统，提供生态体验和自然教育流程化和可持续化服务，打造全国重要的生态体验和自然教育平台。

2. 探索国际生态旅游目的地建设

依托京津冀联合打造世界级旅游目的地的规划和"京畿福地·乐享河北"的旅游品牌，按照全省生态旅游发展布局，统筹白洋淀国家公园建设定位、目标、任务，高质量编制白洋淀流域生态旅游规划。统筹"线路+景区+自然保护区+城镇+特色镇"全域旅游要素建设，着重体现"国际生态旅游目的地"的理念、目标和愿景，提出符合国际生态旅游标准的产品体系和旅游线路，做到"人无我有，人有我精"。

参考文献

1. 安和麦克尤恩若.英国国家公园的起源与发展［N］.孙平摘译.北京晚报,1992-3-30.

2. 钱旭林.安新白洋淀苇编在现代服饰设计中的应用研究［D］.石家庄河北科技大学,2018.

3. 安新县地方志编纂委员会.安新县志［M］.北京:新华出版社,2000.

4. 白洁.流域水环境承载力评价——以白洋淀流域为例［J］.农业环境科学学学报,2020(5).

5. 毕莹竹,李丽娟,张玉钧.三江源国家公园利益相关者利益协调机制构建［J］.中国城市林业,2019(3).

6. 蔡华杰.国家公园的"无人模式":被想象和建构的景观——基于政治生态学的视角［J］.南京工业大学学报(社会科学版),2018(5).

7. 崔俊辉,董鑫.白洋淀芦苇生态功能与经济发展研究［J］.石家庄铁道大学学报(社会科学版),2020(3).

8. 陈君帜,唐小平.中国国家公园保护制度体系构建研究［J］.北京林业大学学报(社会科学版),2020,19(1).

9. 陈础翔,饶紫梦.河北省碳交易市场建立路径研究——基于京津冀碳排放强度［J］.河北企业,2020(9).

10. 陈雅如,韩俊魁,秦岭南,等.东北虎豹国家公园体制试点面临的问题与发展路径研究［J］.环境保护,2019(14).

11. 陈真亮,诸瑞琦.钱江源国家公园体制试点现状、问题与对策建议［J］.时代法学,2019(8).

12. 陈朋,张朝枝.国家公园的特许经营:国际比较与借鉴［J］.北京林业大学学报(社会科学版),2019(3).

13. 陈朋,张朝枝.国家公园门票定价:国际比较与分析［J］.资源科学,

2018（12）.

14. 程伍群，薄秋宇，孙童．白洋淀环境生态变迁及其对雄安新区建设的影响［J］．林业与生科学，2018（2）.

15. 戴秀丽，周晗隽．我国国家公园法律管理体制的问题及改进［J］．环境保护，2020（14）.

16. 邓毅，盛春玲．国家公园资金保障机制研究［J］．中国财政，2021（10）.

17. 董二为．美日韩国家公园如何开展游憩［J］．中国林业产业，2019（Z1）.

18. 丁姿，王喆．生态安全观视域下国家公园管理体制改革问题研究——以三江源国家公园为例［J］．青海社会科学，2021（2）.

19. 丁红卫，李莲莲．日本国家公园的管理与发展机制［J］．环境保护，2020（11）.

20. 杜文武，吴伟，李可欣．日本自然公园的体系与历程研究［J］．中国园林，2018（5）.

21. 樊杰．我国主体功能区划的科学基础［J］．地理学报，2007（4）.

22. 方砚烽．以创新为动力推进白洋淀旅游业大发展［J］．经济论坛，2007（2）.

23. 冯潇．湿地公园室外宣教解说设计初探：以湖北封江口国家湿地公园为例［J］．湿地科学与管理，2018（3）.

24. 高小平，刘一弘．论行政管理制度创新［J］．江苏行政学院学报，2021（2）.

25. 高雪玲，吴卫东．意大利自然公园的建设和保护［J］．陕西环境，2003（5）.

26. 耿松涛，张鸿霞，严荣．我国国家公园特许经营分析与运营模式选择［J］．林业资源管理，2021（7）.

27. 高科．美国西部探险与黄石国家公园的创建（1869—1872）［J］．史林，2016（1）.

28. 高科．美国国家公园建构与印第安人命运变迁——以黄石国家公园为中心（1872—1930）［J］．世界历史，2016（2）.

29. 高科．荒野观念的转变与美国国家公园的起源［J］．美国研究，

2019（3）.

30. 国家公园的定义与功能［EB］.国家林业和草原局政府网，2014-08-08.

31. 高科.美国国家公园的旅游开发及其环境影响（1915—1929）［J］.世界历史，2018（4）.

32. 高燕，邓毅，张浩，等.境外国家公园社区管理冲突：表现、溯源及启示［J］.旅游学刊，2017（1）.

33. 郝红岩.白洋淀红色资源保护研究［D］.石家庄：河北经贸大学，2018.

34. 何友均，赵晓迪.国家公园体制试点区生态补偿与管理体系研究［M］.北京：科学出版社，2020.

35. 何思源，苏杨，罗慧男，等.基于细化保护需求的保护地空间管制技术研究——以中国国家公园体制建设为目标［J］.环境保护，2017（2）.

36. 黄国勤.国家公园的内涵与基本特征［J］.生态科学，2021，40（3）.

37. 黄宝荣，王毅，苏利阳，等.我国国家公园体制试点的进展、问题与对策建议［J］.政策与管理研究，2018，33（1）.

38. 黄尚东，袁立坤，郝国安，等.基于生态优先指导下白洋淀内村庄发展模式研究［J］.林业与生态科学，2018（4）.

39. 黄玉宝，马涛.完善体制机制 推进国家公园建设［J］.环境经济，2018（Z3）.

40. 贺娜.波兰国家公园发展对中国国家公园体制建设的启示［D］.重庆：西南大学，2019.

41. 孔俊婷，马晓宇.抵触控制规则下白洋淀水村的建设与发展研究［J］.河北工业大学学报（社会科学版），2020（3）.

42. 孔志，王琨，陈骁强.美国大烟雾山国家公园环境教育体系研究［J］.教育教学论坛，2019（42）.

43. 李雯燕，米文宝.地域主体功能区划研究综述与分析［J］.经济地理，2008（3）.

44. 李梦龙.白洋淀"以渔养水"生态修复效果及展望［J］.淡水渔业，2020，50（3）.

45. 黎元生，胡熠.美国政府购买生态服务的经验与启示［J］.中共福建省委党校学报，2015（12）.

46. 李博炎，朱彦鹏，刘伟玮，等.中国国家公园体制试点进展、问题及对策建议［J］.生物多样性，2021，29（3）.

47. 林孝锴，张伟.中外国家公园建设管理体制比较［J］.工程经济，2016（9）.

48. 李正欢，蔡依良，段佳会.利益冲突、制度安排与管理成效：基于QCA 的国外国家公园社区管理研究［J］.旅游科学，2019（6）.

49. 李莉.美国国家公园：风景民族主义符号［J］.浙江外国语学院学报，2019（1）.

50. 罗建南.健全体制机制 维护南方重要生态屏障［J］.绿色中国，2020（10）.

51. 罗勇兵，王连勇.国外国家公园建设与管理对中国国家公园的启示——以新西兰亚伯塔斯曼国家公园为例［J］.管理观察，2009（6）.

52. 李晓华.中国水利风景区发展报告（2008）［M］.北京：社会科学文献出版社，2018.

53. 兰伟，陈兴，钟晨.国家公园理论体系与研究现状述评［J］.林业经济，2018（4）.

54. 吕忠梅.自然保护地立法基本构想及其展开［J］.甘肃政法大学学报，2021（3）.

55. 栗润森.我国国家公园"一园一法"立法模式研究［D］.石家庄：河北经贸大学，2021.

56. 李想，芦惠，邢伟，等.国家公园语境下生态旅游的概念、定位与实施方案［J］.生态经济，2021（6）.

57. 李云，蔡芳，孙鸿雁，等.国家公园大数据平台构建的思考［J］.林业建设，2019（2）.

58. 李霞.美国、加拿大等国家公园游客管理体系及启示［J］.福建林业科技，2020（3）.

59. 李卅，张玉钧.台湾地区太鲁阁国家公园与原住民关系协调机制研究［J］.中国城市林业，2017（6）.

60. 刘志华，徐军委，张彩虹.省域横向碳生态补偿的演化博弈分析［J］.软科学，2021（8）.

61. 刘薇.京津冀地区基于森林碳汇量的碳汇市场建设研究［J］.绿色科技，2017（1）.

62. 刘伟玮，付梦娣，任月恒，等.国家公园管理评估体系构建与应用［J］.生态学报，2019（11）.

63. 刘佳奇.自然保护地管理体制的立法构建［J］.甘肃政法大学学报，2021（3）.

64. 刘佳昊，戴学锋.民间自组织在景区治理中的作用研究——以白洋淀船工自组织为例［J］.旅游学刊，2019（9）.

65. 罗丹丹.国家公园建设中的社区参与机制构建［J］.青岛农业大学学报（社会科学版），2019（4）.

66. 梁锷.完善我国市场化和多元化生态补偿治理机制研究［J］.环境生态学，2020（10）.

67. 林灿.突破与转型：哈佐格主政时期美国国家公园研究（1964—1972）［J］.中国园林，2018（9）.

68. 吕晓兰.白洋淀上游农村生活垃圾处理存在问题及治理措施研究［J］.山西农经，2019（14）.

69. 刘聪，张宁.新安江流域横向生态补偿的经济效应［J］.中国环境科学，2021，41（4）.

70. 刘鹏.从独立集权走向综合分权：中国政府监管体系建设转向的过程与成因［J］.中国行政管理，2020（10）.

71. 毛显强，钟瑜，张胜.生态补偿的理论探讨.中国人口•资源与环境，2002（4）.

72. 毛江晖.财政事权和支出责任背景下的国家公园资金保障机制建构——以青海省为例［J］.新西部，2020（10）.

73. 马勇，李丽霞.国家公园旅游发展：国际经验与中国实践［J］.旅游科学，2017（3）.

74. 牟永福.政府购买生态服务的合作模式——基于京津冀协同发展的视角［J］.领导之友（理论版），2017（11）.

75. 宁泽群，张铁来.立法目的视阈下的国家公园制度研究［J］.环境生态学，2021（5）.

76. 潘文艳.论国家公园模式在生态旅游区开发管理中的发展［J］.中

国市场，2020（2）.

77. 彭建.浅析国家公园彰显全民公益性的意义及途径［N］.中国旅游报，2021，02（20）.

78. 彭琳，赵智聪，杨锐.中国自然保护地体制问题分析与应对［J］.中国园林，2017（4）.

79. 彭琳，杜春兰.面向规划管理的国外国家公园监测体系研究及启示——以美国、加拿大、英国为例［J］.中国园林，2019（8）.

80. 钱宁峰.国家公园管理局组织设计的完善路径［J］.中国行政管理，2020（1）.

81. 秦哲，张振冉，郝玉芬.白洋淀淀内污染调查及整治对策［J］.中国市场，2017（26）.

82. 秦天宝，刘彤彤.央地关系视角下我国国家公园管理体制之建构［J］.东岳论丛 2020（10）.

83. 乔原杰.自然保护区及国家公园理有效性评价的探讨［J］.吉林工商学院学报，2019（1）.

84. 任海.日本国家公园的制度建设、发展现状及启示［J］.城市发展研究，2020（10）.

85. 任晓强，管孝艳，陶园，等.白洋淀流域水环境风险评估综述［J］.中国农村水利水电，2021（1）.

86. 人民论坛专题调研组.钱江源国家公园体制试点的创新与实践［J］.人民论坛，2020（10）.

87. 人民日报.加快绿色发展——把握我国发展重要战略机遇新内涵述评之四［N］.人民日报，2019-02-25.

88. 苏杨.国家公园归谁管［J］.中国发展观察，2016（9）.

89. 苏杨，张玉钧，石金莲，等.中国国家公园体制建设报告（2019—2020）［M］.北京：社会科学文献出版社，2019.

90. 苏杨，何思源，王宇飞，等.中国国家公园体制建设研究［M］.北京：社会科学文献出版社，2018.

91. 苏杨，王蕾.中国国家公园体制试点的相关概念、政策背景和技术难点［J］.环境保护，2015（14）.

92. 苏红巧，苏杨，王宇飞.法国国家公园体制改革镜鉴［J］.中国经济报告，2018（1）.

93. 宋海宏，裴思宇.汤旺河国家公园旅游线路与服务设施选择［J］.北方园艺，2018（22）.

94. 孙继琼，王建英，封宇琴.大熊猫国家公园体制试点：成效、困境及对策建议［J］.四川行政学院学报，2021（2）.

95. 孙天瞳.白洋淀水环境保护立法问题研究［D］.保定：河北大学，2019.

96. 孙翔，王玢，董战峰.流域生态补偿：理论基础与模式创新［J］.改革，2021（8）.

97. 孙博文，彭绪庶.生态产品价值实现模式、关键问题及制度保障体系［J］.生态经济，2021（6）.

98. 沈兴菊，Ray Huang.国家、民族、社区——美国国家公园建设的经验及教训［J］.民族学刊，2018（2）.

99. 舒伟.近代白洋淀特色经济述论［D］.保定：河北大学，2009.

100. 唐芳林，王梦君，李云，等.中国国家公园研究进展［J］.北京林业大学学报（社会科学版），2018，17（3）.

101. 唐芳林.国家公园理论与实践［M］.北京：中国林业出版社，2017.

102. 佟绍伟.健全完善自然资源资产权利保护体系［N］.中国自然资源报，2021，1（29）.

103. 汪劲.中国国家公园统一管理体制研究［J］.暨南大学学报（哲学社会科学版），2020（10）.

104. 汪芳，李经龙.国家公园体制中政府间职能的纵向配置——文献综述与研究框架［J］.资源开发与市场，2018，34（12）.

105. 王兰新，赵建伟，郭贤明.自然保护区建立生物多样性监测体系的思考［J］.山东林业科技，2015（6）.

106. 王亚斌，师宝忠，管景峰.白洋淀湿地生态环境监测指标体系的建立［J］.湖北农业科学，2013（4）.

107. 王蕾，卓杰，苏杨.中国国家公园管理单位体制建设的难点和解决方案［J］.环境保护，2016（23）.

108. 王梓懿，张京祥，周子航，等.生态补偿的价值目标：国际经验及对中国的启示［J］.中国环境管理，2021（2）.

109. 王毅，黄宝荣.中国国家公园体制改革：回顾与前瞻［J］.生物多样性，2019（2）.

110. 王秋凤，于贵瑞，何洪林，等.中国自然保护区体系和综合管理体系建设的思考［J］.资源科学，2015（7）.

111. 王洪涛.德国自然公园的建设与管理［J］.城乡建设，2008（10）.

112. 王辉，张佳琛，刘小宇，等.美国国家公园的解说与教育服务研究——以西奥多·罗斯福国家公园为例［J］.旅游学刊，2016（5）.

113. 王瑾，张玉钧，石玲.可持续生计目标下的生态旅游发展模式——以河北白洋淀湿地自然保护区王家寨社区为例［J］.生态学报，2014（9）.

114. 王伟.公众参与在美国国家公园规划中的应用［J］.中国环境管理干部学院学报，2018（5）.

115. 王硕.还有多少湿地面临威胁［EB］.求是网，2019-01-30.

116. 魏珍.三江源国家公园绿色产业发展形势研究［J］.区域治理，2019（31）.

117. 蔚东英.国家公园管理体制的国别比较研究——以美国、加拿大、德国、英国、新西兰、南非、法国、俄罗斯、韩国、日本10个国家为例［J］.南京林业大学学报（人文社会科学版），2017（3）.

118. 吴帅帅，刘锦.神农架国家公园生态补偿机制研究［J］.湖北第二师范学院学报，2018（7）.

119. 吴承照.国家公园是保护性绿色发展模式［J］.旅游学刊，2018（8）.

120. 张鹏莉.湿地公园科普宣教探索实践：以沙家浜国家湿地公园为例［J］.湿地科学与管理，2017（4）.

121. 西奥多·宾尼玛，梅拉妮·涅米，李鸿美."让改变从现在开始"：荒野、资源保护与加拿大班夫国家公园土著迁移政策［J］.鄱阳湖学刊，2016（5）.

122. 徐素波，王耀东，耿晓媛.生态补偿：理论综述与研究展望［J］.林业经济，2020（3）.

123. 谢艺文.美国国家公园的发展历程及对我国旅游发展的启示探讨［J］.现代商贸工业，2019（3）.

124. 徐菲菲.制度可持续性视角下英国国家公园体制建设管治模式研究 ［J］.旅游科学，2015（3）.

125. 许浩.日本国立公园发展、体系与特点 ［J］.世界林业研究，2013（6）.

126. 杨建美.美国国家公园立法体系研究 ［J］.曲靖师范学院学报，2011（4）.

127. 杨锐.土地资源保护——国家公园运动的缘起与发展 ［J］.水土保持研究，2003（3）.

128. 叶海涛.论国家公园的"荒野"精神理据 ［J］.江海学刊，2017（6）.

129. 袁园，钱静英.英国国家公园的环境教育及对我国的启示 ［J］.房地产导刊，2018（29）.

130. 虞虎，阮文佳，李亚娟，等.韩国国立公园发展经验及启示 ［J］.南京林业大学学报（人文社会科学版），2018（3）.

131. 朱华晟，陈婉婧，任灵芝.美国国家公园的管理体制 ［J］.城市问题 2013（5）.

132. 张鹏程.国家公园立法问题研究 ［D］.哈尔滨：黑龙江大学，2021.

133. 张玉钧，曹韧，张英云.自然保护区生态旅游利益主体研究——以北京松山自然保护区为例 ［J］.中南林业科技大学学报（社会科学版），2012（3）.

134. 张诚谦.论可更新资源的有偿利用［J］.农业现代化研究，1987（5）.

135. 中共中央组织部.贯彻落实习近平新时代中国特色社会主义思想在改革发展稳定中攻坚克难案例（生态文明建设）［M］.北京：党建读物出版社，2019.

136. 张维迎.博弈论与信息经济学 ［M］.上海：上海人民出版社，1996.

137. 张长起.浦东行政管理体制改革 30 年回顾与思考 ［J］.中国机构改革与管理，2020（10）.

138. 中共深圳市委机构编制委员会办公室.深圳经济特区 40 年行政管理体制改革实践与经验 ［J］.特区实践与理论，2020（4）.

139. 郑石明.改革开放 40 年来中国生态环境监管体制改革回顾与展望

[J].社会科学研究，2018（6）.

140. 张小鹏，孙国政.国家公园管理单位机构的设置现状及模式选择[J].北京林业大学学报（社会科学版），2021，20（1）.

141. 朱晓娜.我国国家公园管理体制研究［D］.济南：山东大学，2020.

142. 张海霞，钟林生.国家公园管理机构建设的制度逻辑与模式选择研究［J］.资源科学，2017（1）.

143. 赵中枢.英国的国家公园运动及其规划管理［J］.北京园林，1989（4）.

144. 住房城乡建设部.全国风景名胜区事业发展"十三五"规划，2016-11-10.

145. 张文兰.国家公园体制的国际经验［J］.湖北科技学院学报，2016（7）.

146. 朱里莹，徐姗，兰思仁. 国家公园理念的全球扩展与演化［J］.中国园林，2016（7）.

147. 周小燕.政府·市场·社会生态补偿体系的"三维"建构［J］.再生资源与循环经济，2018（12）.

148. 张立.英国国家公园法律制度及对三江源国家公园试点的启示［J］.青海社会科学，2016（2）.

149. 张天宇，乌恩.澳大利亚国家公园管理及启示［J］.林业经济，2019（8）.

150. 张玉钧，张婧雅.日本国家公园发展经验及其相关启示［N］.DOC88.COM，2016-4-20.

151. 张海霞.国家公园为何需要特许经营制度［N］.中国智库网，2019-10-17.

152. 张海霞，吴俊.国家公园特许经营制度变迁的多重逻辑［J］.南京林业大学学报（人文社会科学版），2019（3）.

153. 张书杰，庄优波.英国国家公园合作伙伴管理模式研究：以苏格兰凯恩戈姆斯国家公园为例［J］.风景园林，2019（4）.

154. 朱永杰.国家公园的前世今生［J］.中国林业产业，2018（Z2）.

155. 张旭东，王敏，齐雷杰，等.奋进新时代 建设雄安城——以习近平同志为核心的党中央谋划指导《河北雄安新区规划纲要》编制纪实［Z］. 新华网，2018-04-26.

156. 中共河北省委河北省人民政府.河北雄安新区规划纲要［R］，2018-4-14.

157. 张萌，杨洁云，张宁.基于参与式发展理论的安新白洋淀湿地生态旅游研究［J］.商业研究，2010（2）.

158. 赵敏燕，董锁成，郭海健，等.国家公园环境解说服务对引导公众行为的影响［J］.干旱区资源与环境，2019（7）.

159. 郑紫薇，池梦薇，潘明慧，等.基于深度旅游的解说系统优化——以加拿大落基山脉国家公园群为例［J］.中国园艺文摘，2017（1）.

160. 中共中央办公厅、国务院办公厅.建立国家公园体制总体方案［Z］，2017.

161. 周密.湖北省首次发布这项年度"成绩单"，快看你的家乡排第几［EB/OL］.长江云，2018-10-27.

162. 中华人民共和国国家发展和改革委员会.国家公园体制试点进展情况之七——神农架国家公园［EB］.全国产经平台，2018-10-20.

163. 张忠慧.地质公园科学解说理论与实践［M］.北京：地质出版社，2014.

164. 庄乾.厦门海洋自然保护地空缺与发展对策研究［D］.厦门：自然资源部第三海洋研究所，2020.

后　记

　　《白洋淀国家公园建设路径研究》一书是作者 2018 年承担的河北省社会科学基金项目（项目编号：HB18YJ062）"构建雄安新区白洋淀国家公园的可行性研究"之最终研究成果。本书由中共河北省委党校课题组三位同志撰写完成，写作分工如下：第一章、第二章、第三章、第五章，王海英；第四章，白翠芳；第六章、第七章，杨凡。此外，白翠芳还在书稿框架确定、文稿核对等方面做了大量工作。

　　在写作过程中，我们吸收、借鉴了一些专家学者的研究成果，在此表示由衷的感谢。由于中国国家公园建设还处于探索阶段，加之课题组同志研究能力和所掌握资料有限，本书难免存在不足之处，恳请各位专家学者批评指正。